机电创新设计基础及案例

主　编　刘文智
副主编　王　天　郭　峰
编　委　李海波　李　杰　苏宪秋　张继宇
　　　　周春兴　贾献强　陈尚泽　何晓旭

·北京·

内 容 简 介

本书实验案例源于历年电子设计大赛，由浅入深带领大家进入电子科技创新的世界。本书总共分为4章，介绍了电子电路必备的基础知识，包括电子元器件、机械材料和常用芯片的认知、常用模块的认识以及PROTEL99SE、ALTIUM DISIGNER 和 Keil 软件的使用，并结合电子设计大赛题目实例，帮助学生将以上基础知识由浅入深，融会贯通，提高学生的创新能力。

本书非常适合广大学生和电子爱好者学习电子科技创新知识，书中大量的实例介绍也能作为读者创新实践的借鉴。

图书在版编目(CIP)数据

机电创新设计基础及案例/刘文智主编. —北京:国防工业出版社,2015.2
ISBN 978-7-118-09869-3

Ⅰ. ①机… Ⅱ. ①刘… Ⅲ. ①机电系统—系统设计
Ⅳ. ①TH – 39

中国版本图书馆 CIP 数据核字(2015)第 023149 号

※

国防工业出版社出版发行
(北京市海淀区紫竹院南路 23 号　邮政编码 100048)
北京奥鑫印刷厂印刷
新华书店经售

*

开本 787×1092　1/16　印张 16　字数 372 千字
2015 年 2 月第 1 版第 1 次印刷　印数 1—4000 册　定价 39.50 元

(本书如有印装错误,我社负责调换)

国防书店:(010)88540777　　　发行邮购:(010)88540776
发行传真:(010)88540755　　　发行业务:(010)88540717

前　言

　　本书是为高等院校电子信息工程、通信工程和自动化等专业编写的,主要介绍电子电路的实用知识。其目的在于培养大学生实践动手操作和创新能力,把课堂上学到的知识真正地应于解决实际问题。

　　本书总共分为 4 章,前 3 章介绍了电子电路必备的基础知识,包括电子元器件、机械材料和常用芯片的认知、常用模块的认识以及 PROTEL99SE、ALTIUM DISIGNER 和 Keil软件的使用,第 4 章对近几年电子大赛常见类别进行详细的分析和讲解,通过这些实例分析可使学生更加深入地掌握电子电路系统设计的基本方法,真正做到学以致用。

　　本书最大的优点在于以常用电路模块为基础,并给出了各模块的实际应用,对学生电子大赛或平时科技创新有很大的帮助。可作为电子大赛、毕业设计和各类电子电路制作的参考书。

　　本书由哈尔滨工程大学刘文智老师主编,多位长年从事电工、电子教学工作的资深教师共同编写。本书引用了许多参考文献中的有关内容,并且得到了许多专家和学者的大力支持,听取了多方面的意见和建议,对此编者表示深切的谢意!

　　由于作者学识所限,真诚希望广大读者对本书中的错误和不当之处给予批评指正。

编　者

目　录

第1章　电子制作

1.1　常用元器件介绍

1.1.1　电阻(电位器)

电阻,因为物质对电流产生的阻碍作用,所以称其为该作用下的电阻物质。电阻将会导致电子流通量的变化,电阻越小,电子流通量越大,反之亦然。

导体的电阻越大,表示导体对电流的阻碍作用越大。不同的导体,电阻一般不同,电阻是导体本身的一种特性。电阻元件是对电流呈现阻碍作用的耗能元件。

电阻元件的电阻值大小一般与温度、材料、长度、横截面积有关,衡量电阻受温度影响大小的物理量是温度系数,其定义为温度每升高1℃时电阻值发生变化的百分数。电阻是所有电子电路中使用最多的元件。

1. 控制电阻大小的因素

电阻元件的电阻值大小一般与温度有关,还与导体长度、横截面积、材料有关。衡量电阻受温度影响大小的物理量是温度系数,其定义为温度每升高1℃时电阻值发生变化的百分数。多数(金属)的电阻随温度的升高而升高,一些半导体却相反。如:玻璃、碳在温度一定的情况下,有公式 $R = \rho l / s$,其中:ρ 为电阻率;l 为材料的长度,单位为 m;s 为面积,单位为 m^2。可以看出,材料的电阻大小正比于材料的长度,而反比于其面积。

1)阻值标法

电阻的阻值标法通常有色环法、数字法。色环法在一般的的电阻上比较常见。

2)色环法

色环法是用不同颜色的色标来表示电阻参数。色环电阻有 4 个色环的,也有 5 个色环的,各个色环所代表的意义如下(见表 1-1)。

表 1-1　色环与电阻对应表

颜色	数值	倍乘数	公差
黑色	0	×1	——
棕色	1	×10	±1%
红色	2	×100	±2%
橙色	3	×1000	——
黄色	4	×10000	——
绿色	5	×100000	±0.5%
蓝色	6	×1000000	±0.25%
紫色	7	×10000000	±0.10%

颜色	数值	倍乘数	公差
灰色	8	——	±0.05%
白色	9	——	——
金色	——	×0.1	±5%
银色	——	×0.01	±10%
无色环	——	——	±20%

读取色环电阻的参数,首先要判断读数的方向。一般来说,表示公差的色环离其他几个色环较远并且较宽一些。判断好方向后,就可以从左向右读数。例如,某4色环电阻的颜色从左到右依次是红(2),紫(7),黄(×10000),银(±10%),则此电阻的阻值为 $27\Omega \times 10000 = 270000\Omega$,也就是 $270k\Omega$,公差为 $±10\%$。再如,某5色环电阻的颜色从左到右依次是红(2),绿(5),蓝(6),红(×100),棕(±1%),则此电阻的阻值为 $256\Omega \times 100 = 25600\Omega$,也就是 $25.0k\Omega$,公差为 $±1\%$。

3)数字法

由于手机电路中的电阻一般比较小,很少被标上阻值,即使有,一般也采用数字法,即:101表示 $10 \times 10^1\Omega$ 即 100Ω 的电阻;102表示 $10 \times 10^2\Omega$ 的电阻;103表示 $10k\Omega$ 的电阻;104表示 $100k\Omega$ 的电阻。如果一个电阻上标为223,则这个电阻为 $22k\Omega$。

4)数码法

用三位数字表示元件的标称值。从左至右,前两位表示有效数位,第三位表示 $10n(n = 0 \sim 8)$。当 $n = 9$ 时为特例,表示 10^{-1}。塑料电阻器的103表示 $10 \times 10^3 = 10k$。片状电阻多用数码法标示,如512表示 $5.1k\Omega$。电容上数码标示479表示 $47 \times 10^{-1} = 4.7pF$。而标志是0或000的电阻器,表示是跳线,阻值为 0Ω。数码法标示时,电阻单位为欧姆,电容单位为pF,电感一般不用数码标示。

电阻器的电气性能指标通常有标称阻值、误差与额定功率等。它与其他元件一起构成一些功能电路,如 RC 电路等。电阻是一个线性元件。说它是线性元件,是因为通过实验发现,在一定条件下,流经一个电阻的电流与电阻两端的电压成正比,即它符合欧姆定律:$I = U/R$。常见的碳膜电阻或金属膜电阻器在温度恒定,且电压和电流值限制在额定条件之内时,可用线性电阻器来模拟。如果电压或电流值超过规定值,电阻器将因过热而不遵从欧姆定律,甚至还会被烧毁。电阻的种类很多,通常分为碳膜电阻、金属电阻、线绕电阻等,它又包含固定电阻与可变电阻、光敏电阻、压敏电阻、热敏电阻等。

通常来说,使用万用表可以很容易判断出电阻的好坏:将万用表调节在电阻挡的合适挡位,并将万用表的两个表笔放在电阻的两端,就可以从万用表上读出电阻的阻值。应注意的是,测试电阻时手不能接触到表笔的金属部分。但在实际电器维修中,很少出现电阻损坏。着重注意的是电阻是否虚焊,脱焊。

5)作用

电阻的主要作用就是阻碍电流流过,应用于限流、分流、降压、分压、负载与电容配合作滤波器及阻匹配等。数字电路中功能有上拉电阻和下拉电阻。

电阻元件是对电流呈现阻碍作用的耗能元件,例如灯泡、电热炉等电器。电阻定律:

$R = \rho L/S$。其中：ρ 为制成电阻的材料电阻率($\Omega \cdot m$)；L 为绕制成电阻的导线长度(m)；S 为绕制成电阻的导线横截面积(m^2)；R 为电阻值(Ω)；ρ 叫电阻率，即某种材料制成的长 $1m$、横截面积 $1mm^2$ 的导线的电阻，是描述材料性质的物理量。国际单位制中，电阻率的单位是 $\Omega \cdot m$，常用单位是 $\Omega \cdot mm^2/m$，与导体长度 L，横截面积 S 无关，只与物体的材料和温度有关，有些材料的电阻率随着温度的升高而增大，有些反之。

电阻与温度的关系：电阻元件的电阻值大小一般与温度有关，衡量电阻受温度影响大小的物理量是温度系数，其定义为温度每升高 1℃ 时电阻值发生变化的百分数。如果设任一电阻元件在温度 t_1 时的电阻值为 R_1，当温度升高到 t_2 时电阻值为 R_2，则如果该电阻在 $t_1 \sim t_2$ 温度范围内的(平均)温度系数 $R_2 > R_1$，则 $a > 0$，将 R 称为正温度系数电阻，即电阻值随着温度的升高而增大；如果 $R_2 < R_1$，则 $a < 0$，将 R 称为负温度系数电阻，即电阻值随着温度的升高而减小。显然 a 的绝对值越大，表明电阻受温度的影响也越大。$R_2 = R_1 [1 + a(t_2 - t_1)]$。

2. 电阻分类

1）按阻值特性

按阻值特性，可分为固定电阻、可调电阻和特种电阻(敏感电阻)。其中，不能调节的称为定值电阻或固定电阻，而可以调节的称为可调电阻。常见的可调电阻是滑动变阻器，例如收音机音量调节的装置是个圆形的滑动变阻器(图 1 - 1)，主要应用于电压分配的称为电位器。

2）按制造材料

按制造材料，主要可分为碳膜电阻、金属膜电阻、线绕电阻，无感电阻等。

(1) 薄膜电阻(碳薄膜电阻)，是用蒸发的方法将一定电阻率材料蒸镀于绝缘材料表面制成的，常用符号 RT 作为标志，为最早期也最普遍使用的电阻器(图 1 - 2)。利用真空喷涂技术在瓷棒上面喷涂一层碳膜，再将碳膜外层加工切割成螺旋纹状，依照螺旋纹的多少来定其电阻值，螺旋纹越多时表示电阻值越大。最后在外层涂上环氧树脂密封保护而成。其阻值误差虽然较金属皮膜电阻高，但由于价钱便宜。碳膜电阻器仍广泛应用在各类产品上，是目前电子、电器、设备、资讯产品最基本零组件。

图 1 - 1　滑动变阻器

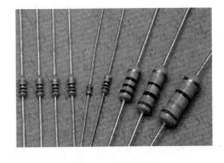

图 1 - 2　碳膜电阻

(2) 金属膜电阻(metal film resistor)，常用符号 RJ 作为标志，其同样利用真空喷涂技术在瓷棒上面喷涂，只是将碳膜换成金属膜(如镍铬)，并在金属膜车上螺旋纹做出不同阻值，并且于瓷棒两端镀上贵金属(图 1 - 3)。虽然它比碳膜电阻器贵，但低噪声、稳定、受温度影响小、精确度高成了它的优势，因此被广泛应用于高级音响器材、电脑、仪表、国防及太空设备等方面。

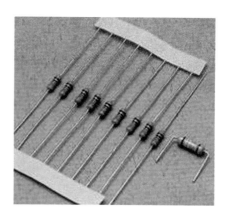

图 1 - 3　金属膜电阻

（3）金属氧化膜电阻,常用符号 RY 作为标志,是以特种金属或合金作为电阻材料,用真空蒸发或溅射的方法,在陶瓷或玻璃上基本形成氧化的电阻膜层的电阻器(图 1 - 4)。某些仪器或装置需要长期在高温的环境下操作,使用一般的电阻不能保持其安定性。在这种情况下可使用金属氧化膜电阻,并在金属氧化薄膜车上螺旋纹做出不同阻值,然后于外层喷涂不燃性涂料,其性能与金属膜电阻器类似,但电阻值范围窄。它能够在高温下仍保持其安定性,其典型的特点是金属氧化膜与陶瓷基体结合得更牢、电阻皮膜负载之电力亦较高、耐酸碱能力强、抗盐雾、因而适用于在恶劣的环境下工作。它还兼备低噪声、稳定、高频特性好的优点。

（4）合成膜电阻,将导电合成物悬浮液涂敷在基体上而得,因此也叫漆膜电阻(图 1 - 5)。由于其导电层呈现颗粒状结构,所以其噪声大、精度低,主要用于制造高压、高阻、小型电阻器。

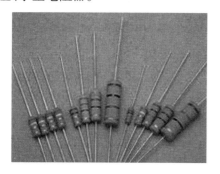

图 1 - 4　金属氧化膜电阻

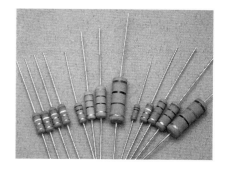

图 1 - 5　合成膜电阻

（5）绕线电阻,是用高阻合金线绕在绝缘骨架上制成的,外面涂有耐热的釉绝缘层或绝缘漆。绕线电阻具有较低的温度系数、阻值精度高、稳定性好、耐热耐腐蚀,主要做精密大功率电阻使用,缺点是高频性能差,时间常数大。

（6）方形线绕电阻(钢丝缠绕电阻),又俗称为水泥电组,采用镍、铬、铁等电阻较大的合金电阻线绕在无碱性耐热瓷件上,外面加上耐热、耐湿、无腐蚀的材料保护而成,再把绕线电阻体放入瓷器框内,用特殊不燃性耐热水泥充填密封而成(图 1 - 6)。而不燃性涂装线绕电阻的差别只是外层涂装改为矽利康树脂或不燃性涂料。它们的优点是阻值精确、低噪声、有良好散热及可以承受甚大的功率消耗,大多使用于放大器功率级部分。缺点是阻值不大、成本较高,因存在电感不适宜在高频的电路中使用。

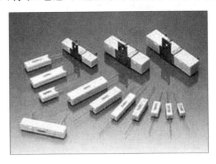

图1-6 方形线绕电阻

(7) 实芯碳质电阻,是用碳质颗粒等导电物质、填料和粘合剂混合制成一个实体的电阻器,并在制造时植入导线(图1-7)。电阻值的大小是根据碳粉的比例及碳棒的粗细长短而定。其特点是价格低廉,但其阻值误差、噪声电压都大,稳定性差,目前较少用。

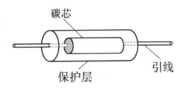

图1-7 碳质电阻

(8) 金属玻璃铀电阻,是将金属粉和玻璃铀粉混合,采用丝网印刷法印在基板上的电阻元件(图1-8)。它耐潮湿、高温、温度系数小,主要应用于厚膜电路。

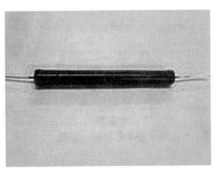

图1-8 金属玻璃铀电阻

(9) 贴片电阻SMT(片式电阻),是金属玻璃铀电阻的一种形式,它的电阻体是高可靠的钌系列玻璃铀材料经过高温烧结而成,特点是体积小、精度高、稳定性和高频性能好,适用于高精密电子产品的基板中(图1-9)。其中,贴片排阻是将多个相同阻值的贴片电阻制作成一颗贴片电阻,目的是有效地限制元件数量,减少制造成本和缩小电路板的面积。

图1-9　贴片电阻

（10）无感电阻。无感电阻常用于做负载，用于吸收产品使用过程中产生的不需要的电量，或起到缓冲、制动的作用，此类电阻常称为 JEPSUN 制动电阻或捷比信负载电阻（图1-10）。

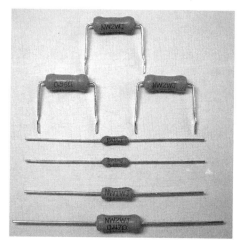

图1-10　无感电阻

3）按安装方式

按安装方式，主要可分为插件电阻（图1-11）和贴片电阻（图1-12）。

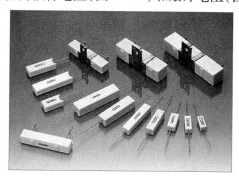

图1-11　插件电阻

（1）贴片电阻（片式电阻）是金属玻璃铀电阻的一种形式，它的电阻体是高可靠的钌系列玻璃铀材料经过高温烧结而成，特点是体积小、精度高、稳定性和高频性能好，适用于高精密电子产品的基板中。而贴片排阻则是将多个相同阻值的贴片电阻制作成一颗贴片电阻,目的是可有效地限制元件数量,减少制造成本和缩小电路板的面积。

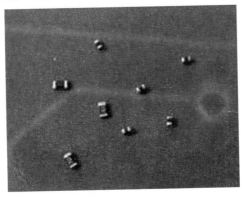

图 1 - 12　贴片电阻

4) 按功能分

按功能主要可分为负载电阻、采样电阻、分流电阻和保护电阻等。

(1) 负载电阻是大型电源设备、医疗设备、电力仪器设备等产品在使用中对一些产生的多余功率进行吸收时用到的大功率耗能的电阻。负载电阻由于其特殊作用又称为放电电阻、制动电阻、刹车电阻、吸收电阻。

这类电阻功率大,一般为无感的。无感值、超低感值是对这类产品重要的要求,在吸收功率对多余电量放电的过程中,如果电阻的电感值过大,则容易产生震荡,对回路中的其他元件,电源及设备本身产生伤害,甚至直接烧坏内部许多器件。

负载电阻的假负载是替代终端在某一电路(如放大器)或电器输出端口,接收电功率的元器件、部件或装置称为假负载。对假负载最基本的要求是阻抗匹配和所能承受的功率。通常在调试或检测机器性能时临时使用非正式的负载。

假负载可以分为电阻负载、电感负载、容性负载等。电阻器常用于做负载,用于吸收产品使用过程中产生的不需要的电量,或起到缓冲、制动的作用。另外对高精密电阻来说,产品中带有高阻抗是不允许的,这需要选择高品质的材料、高要求的工艺。

(2) 采样电阻又称为电流检测电阻、电流感测电阻、取样电阻、电流感应电阻(图 1 - 13)。英文一般译为 sampling resistor,current sensing resistor。采样电阻分为对电流采样和对电压采样。

采样电阻一般根据具体线路板的要求,分为插件电阻、贴片电阻。采样电阻阻值低、精密度高,一般在阻值精密度在 ±1% 以内,更高要求的用途时会采用 0.01% 精度的电阻。国内工厂生产的大部分都是以康铜、锰铜为材质的插件电阻,但是,广大的用户更需要的是贴片的高精密电阻来实现取样功能,这是为了满足小型化产品生产的自动化的要求。能够生产在低温度系数、高精密度、超低阻值上做到满足用户要求电阻的厂商在国内是很少的。

一般采样电阻的阻值会选在 1Ω 以下,属于毫欧级捷比信电阻,但是部分电阻,有采样电压等要求,必须选择大阻值电阻,但是这样电阻基数大,产生的误差大。这种情况下,需要选择高精度的捷比信电阻,深圳市捷比信科技有限公司专业生产销售电源专用高精密贴片电阻(可到 0.01% 精度,即万分之一精度),这样就可以使采样出来的数据非常可信。贴片超低阻值电阻(0.0005Ω,2mΩ,3mΩ,10mΩ 等),贴片合金电阻,大功率电阻(20W,30W,35W,50W,100W)等产品,温度系数可达到 ±5ppm/℃。

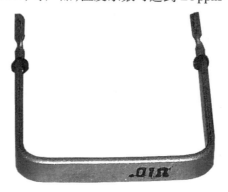

图 1 - 13　采样电阻

（3）分流电阻是一种电流表电阻,使用非常低的高精密电阻测量电路中的通过电流。它是与某一电路并联导体的电阻。在总电流不变的情况下,在某一电路上并联一个分路将能起到分流作用,部分电流由分路通过,使通过该部分电路的电流变小。分流电阻的阻值越小,分流作用越明显。在电流计线圈两端并联一个低阻值的分流电阻,就能使电流计的量程扩大,改装成安培表,可测量较大的电流。阻值的选择直接影响分流电流比例。

（4）保护电阻是为保护高压试验设备和试品而采用的电阻器(图 1 - 14)。

图 1 - 14　保护电阻

3. 主要参数

1）标称值:标称在电阻器上的电阻值称为标称值。单位为 Ω、kΩ、MΩ。标称值是根据国家制定的标准系列标注的,不是生产者任意标定的。不是所有阻值的电阻器都存在。

2）允许误差:电阻器的实际阻值对于标称值的最大允许偏差范围称为允许误差。误差代码:F、G、J、K……(常见的误差范围是:0.01% ,0.05% ,0.1% ,0.5% ,0.25% ,1% ,2% ,5% 等)。

3）额定功率:指在规定的环境温度下,假设周围空气不流通,在长期连续工作而不损坏或基本不改变电阻器性能的情况下,电阻器上允许的消耗功率。常见的有 1/16W、

$1/8W、1/4W、1/2W、1W、2W、5W、10W$。

4）温度系数：$\pm ppm/℃$，即单位温度引起的电阻值的变化。ppm（part per million）表示百万分之几，比如：标称阻值为 $1k\Omega$ 的电阻，温度系数为 $\pm100ppm/℃$，意为温度变化 $1℃$，电阻值的变化为 $1000\pm0.1\Omega$，变化 $100℃$，阻值变化为 $1000\pm10\Omega$，精度非常高。电阻的温度系数精密级的在几十 $ppm/℃$，普通的是 $200\sim250ppm/℃$，最差的也不过 $500ppm/℃$。

4. 阻值和误差的标注方法

1）直标法——将电阻器的主要参数和技术性能用数字或字母直接标注在电阻体上。eg：$5.1k\Omega\ 5\%\ 5.1k\ \Omega J$。

2）文字符号法——将文字、数字两者有规律组合起来表示电阻器的主要参数。eg：$0.1\Omega=\Omega1=0R1，3.3\Omega=3\Omega3=3R3，3K3=3.3K\Omega$。

3）色标法——用不同颜色的色环来表示电阻器的阻值及误差等级。普通电阻一般用 4 环表示，精密电阻用 5 环。

4）码法——用 3 位数字表示元件的标称值。从左至右，前两位表示有效数位，第 3 位表示 $10^n(n=0\sim8)$。当 $n=9$ 时为特例，表示 10^{-1}。$0\sim10\Omega$ 带小数点电阻值表示为 XRX，RXX。eg：$471=470\Omega\ 105=1M\ 2R2=2.2\Omega$。塑料电阻器的 103 表示 $10\times10^3=10k$。片状电阻多用数码法标示，如 512 表示 $5.1k\Omega$，标志是 0 或 000 的电阻器，表示是跳线，阻值为 0Ω。数码法标示时，电阻单位是欧姆。

5. 色环电阻第一环的确定

1）4 环电阻：因表示误差的色环只有金色或银色，色环中的金色或银色环一定是第 4 环。

2）5 环电阻：此为精密电阻，（1）从阻值范围判断：因为一般电阻范围是 $0\sim10\Omega$，如果读出的阻值超过这个范围，可能是第 1 环选错了。（2）从误差环的颜色判断：表示误差的色环颜色有银、金、紫、蓝、绿、红、棕。如里靠近电阻器端头的色环不是误差颜色，则可确定为第 1 环。

6. 识别色环电阻的阻值

电子产品广泛采用色环电阻，其优点是在装配、调试和修理过程中，不用拨动元件，即可在任意角度看清色环，读出阻值，使用方便。一个电阻色环由 4 部分组成（不包括精密电阻）。4 个色环的其中第 1、2 环分别代表阻值的前两位数；第 3 环代表 10 的幂；第 4 环代表误差。下面介绍掌握此方法的几个要点。

熟记第 1、2 环每种颜色所代表的数。可这样记忆：棕 =1，红 =2，橙 =3，黄 =4，绿 =5，蓝 =6，紫 =7，灰 =8，白 =9，黑 =0。彩虹的颜色分布：红橙黄绿蓝靛（diàn）紫，去掉靛，后面添上灰白黑，前面加上棕，对应数字 1 开始。

从数量级来看，大体上可把它们划分为 3 个大的等级，即：金、黑、棕色是欧姆级的；红是千欧级的，橙、黄色是十千欧级的；绿是兆欧级、蓝色则是十兆欧级的。这样划分一下也好记忆，所以要先看第 3 环颜色（倒数第 2 个颜色），才能准确。第 4 环颜色所代表的误差：金色为 5%；银色为 10%；无色为 20%。

举例说明：4 个色环颜色为黄橙红金，读法是：前 3 个颜色对应的数字为 432，金为 5%，所以阻值为 $43\times10^2=4300=4.3k\Omega$，误差为 5%。

7. 各种电阻的精度比较

常用电阻分为多个种类,因为有些电阻造价高,所以在某些电路中发挥着非常重要的作用,然而有些电路对精度要求不高,所以为节省成本,可以使用精度较低的电阻。最常用的电阻是碳膜电阻和金属膜电阻,碳膜电阻用在对精度不是很高的电路中,而金属膜电阻则是用在对电路精度较高的电路。当然,如果有些"特殊电路"需要对电路要求精度非常高,那么就要求对电阻的选用要慎重。

图 1 - 15   各种精度的电阻

1) 碳膜电阻

碳膜的电阻的精度在 5% ~ 10% 。

2) 金属膜电阻

使用环境温度: -55℃ ~ 125℃时的高精度有 ±0.5% , ±0.1% , ±0.2 , ±0.01% , 一般的则在 1% ~ 5% 内。

3) 绿袍电阻

这是对 20 世纪 80 年代中后期出现的一种金属膜电阻的称呼,因为外观呈深绿色而得名,见于 MF12 和 MF14 万用表中。但根据实测,性能一般,老化、偏差和温度系数都与红袍电阻相差很大。

4) 红袍电阻

代号 RJJ,高稳定低温度系数精密金属膜,体积大,性能很好,经过自己的测试,多年的电阻,老化很少有超过 0.5% 的,温度系数都在 30ppm/℃ 左右。注意,红袍电阻还有一种是普通精度的,代号 RJ,性能一般。

5) 一般线绕电阻

采用锰铜或康铜电阻丝,非密封(只上漆),由于线径一般比较粗,因此老化指标不错,但温度系数不算太好,一般在 15ppm/℃ 到 35ppm/℃ 之间。

6) 精密线绕电阻

电阻丝一般采用精密锰铜,密封后稳定性得到提高,实际测试了大量的 0.01% 电阻,绝大多数数年后仍然能保持在 0.02% 之内。温度系数也因为选材和工艺达到较高水平,大约在 5ppm/℃ 到 20ppm/℃ 之间。新品价格大约 5 元/只。

7）低 TC（温度系数）线绕电阻

常见于老式国外（比如 Fluke）各种精密仪器中，采用镍铬电阻合金，温度系数非常低，一般在 1ppm/℃ 到 5ppm/℃ 之间，有的电阻每一只都标明了实测温度系数。老化也不大，基本在 20ppm/年之内，二手价格大约 10 元/只。这样的电阻进行标定后，可以作为一般标准电阻来用。

8）全密封线绕电阻

电阻丝材料同上，但采用金属壳密封（引线是后焊接的）完全杜绝了潮湿和氧化因此稳定性很高，达到 8ppm/年左右，温度系数也大多在 1ppm/℃ 之内，广泛用于老一代高等级计量仪器和标准电阻中，二手价格大约 50 元/只。

9）塑封块电阻

由于采用镍铬电阻合金和补偿技术，温度系数可以做得非常低，甚至小于 1ppm/℃。但该电阻由于密封不太好因此老化特性不是很好，只能保证 25ppm/年，典型值 12.5ppm/年。新品价格约 50 元/只，二手价格约 20 元/只。这样的电阻也常常被音响发烧友采用，因为除了上述特性外，还具备超低噪声和无感等优良特性。

10）金封块电阻

这是目前最高等级的电阻，内部结构采用金属陶瓷密封（外形类似晶振），彻底杜绝外界老化因素，同时零温度系数技术使得温度系数达到很难测量出来的程度。老化典型值 2ppm/年，有的达到 0.5ppm/年以下。新品价格大约 400 元/只，西方国家对我国实行封锁，严禁进口用于军事目的，连 8 位半的万用表 3458A 也仅仅用了一只（做内部标准电阻）。

1.1.2 电容

电容（或称电容量）是表征电容器容纳电荷本领的物理量。我们把电容器的两极板间的电势差增加 1V 所需的电量，叫做电容器的电容。电容器从物理学上讲，它是一种静态电荷存储介质（就像一只水桶可存水一样，你可以把电荷充存进去，在没有放电回路的情况下，刨除介质漏电自放电效应（电解电容比较明显，可能电荷会永久存在，这是它的特征），它的用途较广，它是电子、电力领域中不可缺少的电子元件。主要用于电源滤波、信号滤波、信号耦合、谐振、隔直流等电路中。

电容的符号是 C（$C = \varepsilon S/d = \varepsilon S/4\pi kd$（真空）$= Q/U$），在国际单位制里，电容的单位是法拉，简称法，符号是 F，常用的电容单位有毫法（mF）、微法（μF）、纳法（nF）和皮法（pF）（皮法又称微微法）等，换算关系是：1F = 1000mF = 1000000μF。其中，1μF = 1000nF = 1000000pF。

电容与电池容量的关系：$1V \cdot A \cdot h = 1W \cdot h = 3600J, w = 0.5cuu$。比如一个超级电容标称电压 2.3V，电容量 3200F，它充满电后可携带的能量是：$0.5 \times 3200 \times 2.3 \times 2.3 = 8464J$。

1. 电容器的型号命名方法

国产电容器的型号一般由 4 部分组成（不适用于压敏、可变、真空电容器）。依次分别代表名称、材料、分类和序号。

名称，用字母表示，电容器用 C 表示。材料，用字母表示。分类，一般用数字表示，个别用字母表示。序号，用数字表示。用字母表示产品的材料：A——钽电解、B——聚苯乙烯等非极性薄膜、C——高频陶瓷、D——铝电解、E——其他材料电解、G——合金电解、H——复合介质、I——玻璃釉、J——金属化纸、L——涤纶等极性有机薄膜、N——铌电解、O——玻璃膜、Q——漆膜、T——低频陶瓷、V——云母纸、Y——云母、Z——纸介。

2. 分类

1) 按照功能

按照功能主要可分为以下几种。

（1）聚酯涤纶电容,符号为 CL,电容量为 40pF ~ 4μF,额定电压为 63 ~ 630V。主要特点是小体积、大容量、耐热耐湿、稳定性差（图 1 – 16）。应用于对稳定性和损耗要求不高的低频电路中。

图 1 – 16　聚酯涤纶电容

（2）聚苯乙烯电容,符号为 CB,电容量为 10pF ~ 1μF,额定电压为 100V ~ 30kV（图 1 – 17）。主要特点是稳定、低损耗、体积较大。应用于对稳定性和损耗要求较高的电路中。

图 1 – 17　聚苯乙烯电容

（3）聚丙烯电容,符号为 CBB,电容量为 1000pF ~ 10μF,额定电压为 63 ~ 2000V（图 1 – 8）。主要特点是性能与聚苯相似但体积小、稳定性略差。它代替大部分聚苯或云母电容,用于要求较高的电路中。

（4）云母电容,符号为 CY,电容量为 10pF ~ 0.1μF,额定电压为 100V ~ 7kV（图 1 – 19）。主要特点是价格较高,但精度、温度特性、耐热性、寿命等均较好。应用于高频振荡,脉冲等对可靠性和稳定性较高的电子装置中。

（5）高频瓷介电容,符号为 CC,电容量为 1pF ~ 6800pF,额定电压为 63 ~ 500V

图 1-18　聚丙烯电容

（图1-20）。主要特点是高频损耗小、稳定性好。应用于高频电路中。

图 1-19　云母电容

图 1-20　高频瓷介电容

（6）低频瓷介电容，符号为 CT，电容量为 10pF ~ 4.7μF，额定电压为 50 ~ 100V（图1-21）。主要特点是体积小、价廉、损耗大、稳定性差。应用于要求不高的低频电路中。

（7）玻璃釉电容，符号为 CI，电容量为 10pF ~ 0.1μF，额定电压为 63 ~ 400V（图1-22）。主要特点是稳定性较好、损耗小、耐高温（200℃）。应用于脉冲、耦合、旁路等电路中。

图 1-21　低频瓷介电容

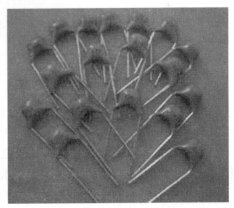

图 1-22　玻璃釉电容

（8）空气介质可变电容器,是由一组固定不动的定片和可以旋转的一组动片构成的,动片和定片之间的绝缘介质为空气(图1-23)。由于转轴和动片相连,旋转转轴即可改变动片与定片之间的角度,从而可以改变电容量的大小。当动片从定片位置全部旋出时,电容量最小;当动片全部旋入定片位置时,电容量最大。可变电容量为100~1500pF。主要特点是损耗小、效率高,可根据要求制成直线式、直线波长式、直线频率式及对数式等。应用于电子仪器、广播电视设备等。

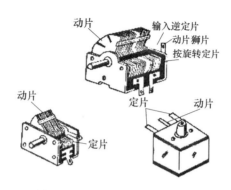

图1-23 空气介质可变电容器

（9）薄膜介质可变电容器的可变电容量为15~550pF(图1-24)。其主要特点是体积小、重量轻,损耗比空气介质的大。应用于通信,广播接收机等。

图1-24 薄膜介质可变电容器

（10）薄膜介质微调电容器,可变电容量为1~29pF(图1-25)。主要特点是损耗较大、体积小。应用于收录机、电子仪器等电路作电路补偿。

（11）陶瓷介质微调电容器的可变电容量为0.3~22pF(图1-26)。主要特点是损耗较小、体积较小。应用于精密调谐的高频振荡回路。

（12）独石电容的容量范围为0.5pF~1mF(图1-27)。耐压为二倍额定电压。广泛应用于电子精密仪器。各种小型电子设备作谐振、耦合、滤波、旁路。独石电容的特点为电容量大、体积小、可靠性高、电容量稳定,耐高温及耐湿性好等。

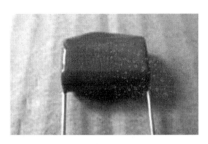

图 1 – 25　薄膜介质微调电容器

图 1 – 26　陶瓷介质微调电容器

图 1 – 27　独石电容

2) 按照安装方式

按照安装方式,主要可分为插件电容(图 1 – 28)和贴片电容(图 1 – 29)。

(1) 插件电容。

图 1 – 28　插件电容

图 1 – 29　贴片电容

(2) 贴片电容。

电容可分为无极性和有极性两类,无极性电容有两类封装最为常见,即 0805、0603；而有极性电容也就是我们平时所称的电解电容,平时用的最多的为铝电解电容,由于其电解质为铝,所以其温度稳定性以及精度都不是很高,而贴片元件由于其紧贴电路版,所以要求温度稳定性要高,所以贴片电容以钽电容为多,根据其耐压不同,贴片电容又可分为 A、B、C、D 4 个系列,具体分类见表 1 – 2。

表 1 - 2　贴片电容分类

类型	封装形式	耐压
A	3216	10V
B	3528	10V
C	6032	25V
D	7343	35V

贴片电容的尺寸表示法有两种,一种是英寸①为单位来表示,一种是以毫米为单位来表示,贴片电容的系列型号有 0402、0603、0805、1206、1812、2010、2225、2512,是英寸表示法,04 表示长度是 0.04 英寸,02 表示宽度 0.02 英寸,其他类同。

表 1 - 3　贴片电容封装尺寸

封装	长度(L) 公制/mm 英制(英寸)	宽度(W) 公制/mm 英制(英寸)	端点(t) 公制/mm 英制(英寸)
0102	0.60 ± 0.03 (0.024 ± 0.001)	0.30 ± 0.03 (0.011 ± 0.001)	0.15 ± 0.05 (0.006 ± 0.002)
0402 (1005)	1.00 ± 0.10 (0.040 ± 0.004)	0.50 ± 0.10 (0.020 ± 0.004)	0.25 ± 0.15 (0.010 ± 0.006)
0603 (1608)	1.60 ± 0.15 (0.063 ± 0.006)	0.81 ± 0.15 (0.032 ± 0.006)	0.35 ± 0.15 (0.014 ± 0.006)
0805 (2012)	2.01 ± 0.20 (0.079 ± 0.008)	1.25 ± 0.20 (0.049 ± 0.008)	0.50 ± 0.25 (0.020 ± 0.010)
1206 (3216)	3.20 ± 0.20 (0.126 ± 0.008)	1.60 ± 0.20 (0.063 ± 0.008)	0.50 ± 0.25 (0.020 ± 0.010)
1210 (3225)	3.20 ± 0.20 (0.126 ± 0.008)	2.50 ± 0.20 (0.098 ± 0.008)	0.50 ± 0.25 (0.020 ± 0.010)
1812 (4532)	4.50 ± 0.30 (0.177 ± 0.012)	3.20 ± 0.20 (0.126 ± 0.008)	0.61 ± 0.36 (0.024 ± 0.014)
1825 (4564)	4.50 ± 0.30 (0.177 ± 0.012)	6.40 ± 0.40 (0.252 ± 0.016)	0.61 ± 0.36 (0.024 ± 0.014)
2225 (5764)	5.72 ± 0.25 (0.225 ± 0.010)	6.40 ± 0.40 (0.252 ± 0.016)	0.64 ± 0.39 (0.025 ± 0.015)

3）按电路中电容的作用

电容器的基本作用就是充电与放电,但由这种基本充电、放电作用所延伸出来的许多电路现象,使得电容器有着种种不同的用途,例如在电动机中,我们用它来产生相移,在照

---

① 1 英寸 = 0.0254m

相闪光灯中,用它来产生高能量的瞬间放电等。

在电子电路中,电容器不同性质的用途很多,这许多不同的用途,虽然也有截然不同之处,但究其作用均来自充电与放电。下面是一些电容的作用简介。

（1）耦合电容:用在耦合电路中的电容称为耦合电容,在阻容耦合放大器和其他电容耦合电路中大量使用这种电容电路,起隔直流通交流作用。

（2）滤波电容:用在滤波电路中的电容器称为滤波电容,在电源滤波和各种滤波器电路中使用这种电容电路,滤波电容将一定频段内的信号从总信号中去除。

（3）退耦电容:用在退耦电路中的电容器称为退耦电容,在多级放大器的直流电压供给电路中使用这种电容电路,退耦电容消除每级放大器之间的有害低频交连。

（4）高频消振电容:用在高频消振电路中的电容称为高频消振电容,在音频负反馈放大器中,为了消振可能出现的高频自激,采用这种电容电路,以消除放大器可能出现的高频啸叫。

（5）谐振电容:用在 LC 谐振电路中的电容器称为谐振电容,LC 并联和串联谐振电路中都需要这种电容电路。

（6）旁路电容:用在旁路电路中的电容器称为旁路电容,电路中如果需要从信号中去掉某一频段的信号,可以使用旁路电容电路,根据所去掉信号频率不同,有全频域(所有交流信号)旁路电容电路和高频旁路电容电路。

（7）中和电容:用在中和电路中的电容器称为中和电容。在收音机高频和中频放大器、电视机高频放大器中,采用这种中和电容电路,以消除自激。

（8）定时电容:用在定时电路中的电容器称为定时电容。在需要通过电容充电、放电进行时间控制的电路中使用定时电容电路,电容起控制时间常数大小的作用。

（9）积分电容:用在积分电路中的电容器称为积分电容。在电势场扫描的同步分离电路中,采用这种积分电容电路,可以从场复合同步信号中取出场同步信号。

（10）微分电容:用在微分电路中的电容器称为微分电容。在触发器电路中为了得到尖顶触发信号,采用这种微分电容电路,可以从各类(主要是矩形脉冲)信号中得到尖顶脉冲触发信号。

（11）补偿电容:用在补偿电路中的电容器称为补偿电容,在卡座的低音补偿电路中,使用这种低频补偿电容电路,以提升放音信号中的低频信号,此外,还有高频补偿电容电路。

（12）自举电容:用在自举电路中的电容器称为自举电容,常用的 OTL 功率放大器输出级电路采用这种自举电容电路,以通过正反馈的方式少量提升信号的正半周幅度。

（13）分频电容:在分频电路中的电容器称为分频电容,在音箱的扬声器分频电路中,使用分频电容电路,以使高频扬声器工作在高频段,中频扬声器工作在中频段,低频扬声器工作在低频段。

（14）负载电容:是指与石英晶体谐振器一起决定负载谐振频率的有效外界电容。负载电容常用的标准值有 16pF、20pF、30pF、50pF 和 100pF。负载电容可以根据具体情况作适当的调整,通过调整一般可以将谐振器的工作频率调到标称值。

3. 电容在电路中的作用

电容在电路中主要有两种作用,即滤波作用和耦合作用。

滤波作用:在电源电路中,整流电路将交流变成脉动的直流,而在整流电路之后接入一个较大容量的电解电容,利用其充放电特性,使整流后的脉动直流电压变成相对比较稳定的直流电压。在实际中,为了防止电路各部分供电电压因负载变化而产生变化,所以在电源的输出端及负载的电源输入端一般接有数十至数百微法的电解电容。由于大容量的电解电容一般具有一定的电感,对高频及脉冲干扰信号不能有效地滤除,故在其两端并联了一只容量为 $0.001 \sim 0.1\mu F$ 的电容,以滤除高频及脉冲干扰。

耦合作用:在低频信号的传递与放大过程中,为防止前后两级电路的静态工作点相互影响,常采用电容耦合,为了防止信号中的低频分量损失过大,一般总采用容量较大的电解电容。

电容在电路中具有隔断直流、连通交流、阻止低频的特性,广泛应用在耦合、隔直、旁路、滤波、调谐、能量转换和自动控制等。下面是不同电容的作用简介。

1)滤波电容:它接在直流电压的正负极之间,以滤除直流电源中不需要的交流成分,使直流电平滑,通常采用大容量的电解电容,也可以在电路中同时并接其他类型的小容量电容以滤除高频交流电。

2)退耦电容:并接于放大电路的电源正负极之间,防止由电源内阻形成的正反馈而引起的寄生振荡。

3)旁路电容:在交直流信号的电路中,将电容并接在电阻两端或由电路的某点跨接到公共电位上,为交流信号或脉冲信号设置一条通路,避免交流信号成分因通过电阻产生压降衰减。

4)耦合电容:在交流信号处理电路中,用于连接信号源和信号处理电路或者作为两放大器的级间连接,用于隔断直流,让交流信号或脉冲信号通过,使前后级放大电路的直流工作点互不影响。

5)调谐电容:连接在谐振电路的振荡线圈两端,起到选择振荡频率的作用。

6)衬垫电容:与谐振电路主电容串联的辅助性电容,调整它可使振荡信号频率范围变小,并能显著地提高低频端的振荡频率。

7)补偿电容:与谐振电路主电容并联的辅助性电容,调整该电容能使振荡信号频率范围扩大。

8)中和电容:并接在三极管放大器的基极与发射极之间,构成负反馈网络,以抑制三极管极间电容造成的自激振荡。

9)稳频电容:在振荡电路中,起稳定振荡频率的作用。

10)定时电容:在 RC 时间常数电路中与电阻 R 串联,共同决定充放电时间长短的电容。

11)加速电容:接在振荡器反馈电路中,使正反馈过程加速,提高振荡信号的幅度。

12)缩短电容:在 UHF 高频头电路中,为了缩短振荡电感器长度而串联的电容。

13)克拉波电容:在电容三点式振荡电路中,与电感振荡线圈串联的电容,起到消除晶体管结电容对频率稳定性影响的作用。

14)锡拉电容:在电容三点式振荡电路中,与电感振荡线圈两端并联的电容,起到消除晶体管结电容的影响,使振荡器在高频端容易起振。

15)稳幅电容:在鉴频器中,用于稳定输出信号的幅度。

16）预加重电容：为了避免音频调制信号在处理过程中造成对分频量衰减和丢失，而设置的 RC 高频分量提升网络电容。

17）去加重电容：为了恢复原伴音信号，要求对音频信号中经预加重所提升的高频分量和噪声一起衰减掉，设置 RC 在网络中的电容。

18）移相电容：用于改变交流信号相位的电容。

19）反馈电容：跨接于放大器的输入端与输出端之间，使输出信号回输到输入端的电容。

20）降压限流电容：串联在交流回路中，利用电容对交流电的容抗特性，对交流电进行限流，从而构成分压电路。

21）逆程电容：用于行扫描输出电路，并接在行输出管的集电极与发射极之间，以产生高压行扫描锯齿波逆程脉冲，其耐压一般在 1500V 以上。

22）S 校正电容：串接在偏转线圈回路中，用于校正显像管边缘的延伸线性失真。

23）自举升压电容：利用电容器的充、放电储能特性提升电路某点的电位，使该点电位达到供电端电压值的两倍。

24）消亮点电容：设置在视放电路中，用于关机时消除显像管上残余亮点的电容。

25）软启动电容：一般接在开关电源的开关管基极上，防止在开启电源时，过大的浪涌电流或过高的峰值电压加到开关管基极上，导致开关管损坏。

26）启动电容：串接在单相电动机的副绕组上，为电动机提供启动移相交流电压，在电动机正常运转后与副绕组断开。

27）运转电容：与单相电动机的副绕组串联，为电动机副绕组提供移相交流电流。在电动机正常运行时，与副绕组保持串接。

4. 主要参数及应用

在很多电子产品中，电容器都是必不可少的电子元器件，它在电子设备中充当整流器的平滑滤波、电源的退耦、交流信号的旁路、交直流电路的交流耦合等。由于电容器的类型和结构种类比较多，因此，使用者不仅需要了解各类电容器的性能指标和一般特性，而且还必须了解在给定用途下各种元件的优缺点、机械或环境的限制条件等。下面介绍电容器的主要参数及应用，可供读者选择电容种类时用。

1）标称电容量（CR）：电容器产品标出的电容量值。云母和陶瓷介质电容器的电容量较低（大约在 5000pF 以下）；纸、塑料和一些陶瓷介质形式的电容量居中（大约在5μF ~ 10μF）；通常电解电容器的容量较大。这是一个粗略的分类法。

2）类别温度范围：电容器设计所确定的能连续工作的环境温度范围，该范围取决于它相应类别的温度极限值，如上限类别温度、下限类别温度、额定温度（可以连续施加额定电压的最高环境温度）等。

3）额定电压（UR）：在下限类别温度和额定温度之间的任一温度下，可以连续施加在电容器上的最大直流电压或最大交流电压的有效值或脉冲电压的峰值。电容器应用在高压场合时，必须注意电晕的影响。电晕是由于在介质/电极层之间存在空隙而产生的，它除了可以产生损坏设备的寄生信号外，还会导致电容器介质击穿。在交流或脉动条件下，电晕特别容易发生。对于所有的电容器，在使用中应保证直流电压与交流峰值电压之和不得超过直流电压额定值。

4）损耗角正切（tanδ）：在规定频率的正弦电压下，电容器的损耗功率除以电容器的无功功率。这里需要解释一下，在实际应用中，电容器并不是一个纯电容，其内部还有等效电阻，它的简化等效电路如图 1-30 所示。图中 C 为电容器的实际电容量，R_s 是电容器的串联等效电阻，R_p 是介质的绝缘电阻，R_0 是介质的吸收等效电阻。对于电子设备来说，要求 R_s 越小越好，也就是说要求损耗功率小，其与电容的功率的夹角 δ 要小。这个关系用式子 $\tan\delta = R_s/X_c = 2\pi f \times c \times R_s$ 来表达。因此，在应用当中应注意选择这个参数，避免自身发热过大，以减少设备的失效性。

图 1-30　电容的简化等效电路图

5）电容器的温度特性：通常是以 20℃ 基准温度的电容量与有关温度的电容量的百分比表示。

6）电容器电池特性：电容器是最简单的电池，而且有充电快，容量大等优点。

7）容抗：电容在电路中一般用"C"加数字表示（如 C13 表示编号为 13 的电容）。电容是由两片金属膜紧靠，中间用绝缘材料隔开而组成的元件。电容的特性主要是隔直流通交流。电容容量的大小就是表示能贮存电能的大小，电容对交流信号的阻碍作用称为容抗，它与交流信号的频率和电容量有关。容抗 $XC = 1/2\pi fC$（f 表示交流信号的频率，C 表示电容容量）。电话机中常用电容的种类有电解电容、瓷片电容、贴片电容、独石电容、钽电容和涤纶电容等。

8）识别方法：电容的识别方法与电阻的识别方法基本相同，分直标法、色标法和数标法 3 种。电容的基本单位用法拉（F）表示，其他单位还有：毫法（mF）、微法（μF）、纳法（nF）、皮法（pF）。其中：$1F = 1000mF$，$1mF = 1000\mu F$，$1\mu F = 1000nF$，$1nF = 1000pF$。容量大的电容其容量值在电容上直接标明，如 10 μF/16V。容量小的电容其容量值在电容上用字母表示或数字表示，数字表示法：三位数字的表示法也称电容量的数码表示法。三位数字的前两位数字为标称容量的有效数字，第三位数字表示有效数字后面零的个数，它们的单位都是 pF。如：102 表示标称容量为 1000pF。221 表示标称容量为 220pF。224 表示标称容量为 $22 \times 10^4 pF$。在这种表示法中有一个特殊情况，就是当第三位数字用"9"表示时，是用有效数字乘上 10 的 -1 次方来表示容量大小。如：229 表示标称容量为 $22 \times 10^{-1} pF = 2.2pF$。允许误差 $\pm 1\%$、$\pm 2\%$、$\pm 5\%$、$\pm 10\%$、$\pm 15\%$、$\pm 20\%$。如：一瓷片电容为 104J 表示容量为 0.1 μF、误差为 $\pm 5\%$。

9）使用寿命：电容器的使用寿命随温度的增加而减小。主要原因是温度加速化学反应而使介质随时间退化。

10）绝缘电阻：由于温升引起电子活动增加，因此温度升高将使绝缘电阻降低。

（1）各种电容的原理图符号（图 1-31）。

① 为基本电容符号，如陶瓷电容、电解电容、云母电容、薄膜电容；②~⑥为有极性电容、电解电容符号，弯片为负极，空心为正极；⑦为可调电容符号；⑧为微调电容符号。

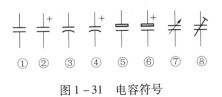

① ② ③ ④ ⑤ ⑥ ⑦ ⑧

图 1 – 31　电容符号

（2）电容器的主要技术指标。

常用固定式电容的直流工作电压系列为6.3V、10V、16V、25V、40V、63V、100V、160V、250V、400V。耐压级别常见的有0.2、Ⅰ、Ⅱ、Ⅲ、Ⅳ、Ⅴ、Ⅵ等7个等级,对应不同的容许误差。

（3）电容器的标志方法。

指标法:容量单位为F(法拉)、μF(微法)、nF(纳法)、pF(皮法)。有时用大于1的两位以上的数字表示单位为pF的电容,例如101表示100 pF;223代表2200pF,10pF = 22000pF = 0.22m。用小于1的数字表示单位为mF的电容,例如0.1表示0.1mF。及4n7表示4.7nF或4700pF。

色码表示法:颜色涂于电容器的一端或从顶端向引线排列。色码一般只有三种颜色,前两环为有效数字,第三环为倍率,单位为pF。有时色环较宽,如红红橙,两个红色环涂成一个宽的,表示22000pF。

5. 电容器主要特性参数

1）标称电容量和允许偏差

标称电容量是标志在电容器上的电容量。电容器实际电容量与标称电容量的偏差称误差,在允许的偏差范围称精度。精度等级与允许误差对应关系:00(01)——±1%、0(02)——±2%、Ⅰ——±5%、Ⅱ——±10%、Ⅲ——±20%、Ⅳ——(+20% ~ 10%)、Ⅴ——(+50% ~ 20%)、Ⅵ——(+50% ~ 30%)。一般电容器常用Ⅰ、Ⅱ、Ⅲ级,电解电容器用Ⅳ、Ⅴ、Ⅵ级,根据用途选取。

2）额定电压

在最低环境温度和额定环境温度下可连续加在电容器的最高直流电压有效值,一般直接标注在电容器外壳上,如果工作电压超过电容器的耐压,电容器击穿,就会造成不可修复的永久损坏。常见的电容额定电压与耐压测试仪测量值的关系:600V的耐压测试仪测量电压为760V以上;550V的耐压测试仪测量电压为715V以上;500V的耐压测试仪测量电压为650V以上;450V的耐压测试仪测量电压为585V以上;400V的耐压测试仪测量电压为520V以上;250V的耐压测试仪测量电压为325V以上;200V的耐压测试仪测量电压为260V以上;160V的耐压测试仪测量电压为208V以上;100V的耐压测试仪测量电压为125V ~ 132V;80V的耐压测试仪测量电压为100V以上;63V的耐压测试仪测量电压为79V以上;50V的耐压测试仪测量电压为62.5V以上;35V的耐压测试仪测量电压为50V以上;25V的耐压测试仪测量电压为35V以上;16V的耐压测试仪测量电压为19V以上;10V的耐压测试仪测量电压为13V以上;6.3的耐压测试仪测量电压为7.5V以上。以上为85℃产品。

以下为105℃产品 :600V的耐压测试仪测量电压为780V以上;550V的耐压测试仪测量电压为745V以上;500V的耐压测试仪测量电压为660V以上;450V的耐压测试仪测

量电压为595V以上;400V的耐压测试仪测量电压为540V以上;250V的耐压测试仪测量电压为343V以上;200V的耐压测试仪测量电压为270V以上;160V的耐压测试仪测量电压为222V以上;100V的耐压测试仪测量电压为132V以上;80V的耐压测试仪测量电压为102V以上;63V的耐压测试仪测量电压为84V以上;50V的耐压测试仪测量电压为66.5V以上;35V的耐压测试仪测量电压为52.5V以上;25V的耐压测试仪测量电压为38V以上;16V的耐压测试仪测量电压为21.6V以上;10V的耐压测试仪测量电压为13.5V以上;6.3V的耐压测试仪测量电压为8.2V以上。

3）绝缘电阻

直流电压加在电容上,并产生漏电电流,两者之比称为绝缘电阻。当电容较小时,主要取决于电容的表面状态,容量大于$0.1\mu F$时,主要取决于介质的性能,绝缘电阻越大越好。电容的时间常数为恰当地评价大容量电容的绝缘情况而引入了时间常数,等于电容的绝缘电阻与容量的乘积。

4）损耗

电容在电场作用下,在单位时间内因发热所消耗的能量叫做损耗。各类电容都规定了其在某频率范围内的损耗允许值,电容的损耗主要由介质损耗、电导损耗和电容所有金属部分的电阻所引起的。在直流电场的作用下,电容器的损耗以漏导损耗的形式存在,一般较小,在交变电场的作用下,电容的损耗不仅与漏导有关,而且与周期性的极化建立过程有关。

5）频率特性

随着频率的上升,一般电容器的电容量呈现下降的规律。大电容工作在低频电路中的阻抗较小,而小电容比较适合工作在高频环境下。

1.1.3 电感

电感器（电感线圈）和变压器均是用绝缘导线（例如漆包线、纱包线等）绕制而成的电磁感应元件,也是电子电路中常用的元器件之一,相关产品如共模滤波器等。

1. 自感与互感

1）自感

当线圈中有电流通过时,线圈的周围就会产生磁场。当线圈中电流发生变化时,其周围的磁场也产生相应的变化,此变化的磁场可使线圈自身产生感应电动势（感生电动势）（电动势用以表示有源元件理想电源的端电压）,这就是自感。

2）互感

两个电感线圈相互靠近时,一个电感线圈的磁场变化将影响另一个电感线圈,这种影响就是互感。互感的大小取决于电感线圈的自感与两个电感线圈耦合的程度,利用此原理制成的元件叫做互感器。

2. 最小值与最大值

电感L的最小值由所需维持的最小负载电流的要求来决定。流过电感L的电流分为连续和不连续两种工作情况。不管是哪种情况,只要是输入、输出电压保持不变,则电流波形的斜率也不会因为负载电流的减小而改变。如果负载电流I逐渐减小,在电感L中的波动电流最小值刚好为零时,定义为临界电流I_{oc},则I_{oc}应等于电流峰值的一半,即$I_{oc} = 1/2\Delta i_L$,当$I_o < I_{oc}$时,i_L将进入不连续状态$I_o \geq I_{oc}$时i_L为连续状态。连续状态的传递函数

有两个极点;不连续状态的传递函数只有一个极点,如果想在状态转换过程中都能稳定地工作,就必须要进行小心细致的设计。单端正激式转换器的闭环控制电路,L 值的另一个限制因素将出现在应用于多组输出电压的情况。因为控制环只与一个相关的输出端闭环,当此输出端电流低于临界值时,占空比将减少以保持此输出端的电压不变。对于其他的辅助输出端,假定其所带的是恒定负载,在上述占空比下降的情况下,其电压也下降。很明显这不是所希望的,因此在多组输出电压时,为了保持辅助输出电压不变,电感 L 的值应大于所需的最小值。也就是说,如果辅助电压要保持在一定的波动范围内时,则主输出的电感必须一直超过临界值,即一直在连续状态。电感的最大值一般受效率、体积和造价的限制,带直流电流运行的大电感的造价是昂贵的。从性能上来看,电感 L 过大将使调节系统的反应速度减慢。因为过大的 L 在负载出现较大的瞬态变化时限制了输出电流的最大变化率。

3. 电感器的作用与电路图形符号

1)电感器的电路图形符号:电感器是用漆包线、纱包线或塑皮线等在绝缘骨架或磁芯、铁芯上绕制成的一组串联的同轴线匝,它在电路中用字母"L"表示,其电路图形符号和实物图如图 1 - 31 和图 1 - 32 所示。

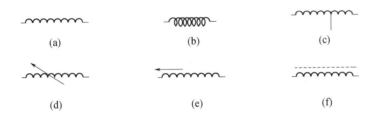

(a)   (b)   (c)

(d)   (e)   (f)

图 1 - 31　电感器的电路图形符号

(a)固定值(开环形式);(b)固定值(闭环形式);(c)带抽头的;
(d)可变值(风格 1);(e)可变值(风格 2);(f)铁粉或铁酸盐铁芯调节电感。

图 1 - 32　实物图

2)电感器的作用:电感器的主要作用是对交流信号进行隔离、滤波或与电容器、电阻器等组成谐振电路。

4. 电感在电路中的作用

1)电感——电路中的"整理、梳理者"

电生磁、磁生电,两者相辅相成,总是随同显示。当一根导线中拥有恒定电流流过时,总会在导线四周激起恒定的磁场。当我们把这根导线都弯曲成为螺旋线圈时,应用中学学过的电磁感应定律,我们就能断定,螺旋线圈中发生了磁场。接着,我们将这个螺旋线圈放在某个电流回路中,当这个回路中的直流电变化时(如从小到大或者相反),电感中的磁场也应该会发生变化,变化的磁场会带来变化的"新电流",由电磁感应定律,这个"新电流"一定和原来的直流电方向相反,从而在短时刻内关于直流电的变化构成一定的抵抗力。只是,一旦变化完成,电流稳固上去,磁场也不再变化,便不再有任何障碍发生。

假如你以为上面一段描绘十分难懂、拗口,我们无妨从另一个角度来说明。假定有一条人工渠,渠边有一个大大的水车,水车很繁重,需求较大流量的渠水才能推进它。首先,渠道中没有水的时候,水车是不会转动的。接下去工人开启闸门放水,在放水最开始的时候,水流会从小到大,那么水车是怎样变化的呢?水车会随着水的到来而快速旋转和水同步?显然不是,由于惯性和阻力的存在,水车会迟缓地开始转动,过一段时间后才会和水流构成稳固的均衡。在水车"起步",开端迟缓转动的进程,实际上也是水车在阻拦制止水流向前,抵抗水流变化的进程。在水流颠簸、水车转速也稳固后,水和水车构成一种调和共生的关系,就互不干预了。那么假如关掉闸门呢?关掉闸门后,水会逐步增加,流速也会下降。在水流流速下降的时候,水车并不能快速和水流建立新的均衡,它还会依据之前的速率持续旋转一段时间,并带动水流在一定时间内维持之前的速率,接着水车会随着水流速降低、水流增加而渐渐中止转动。恰是这种紧张电路中电流的变化幅度的特性,使得电感就像是电路中的一个"整理、梳理者"。

2)通直流,阻交流

从上面的过程来看,我们完全可以将电感器的作用和水车等同起来,它们的核心作用都是阻止电流(水流)的变化。比如电流由小到大,水流由大到小的过程中,无论是电感器还是水车都存在一种"滞后"作用,它们能在一定时间内抵御这种变化。从另一个角度来说,正因为电感器和水车拥有储存一定能量(惯性)的作用,因此它们才能在变化来临时试图维持原状,但需要说明的是,当能量耗尽后,则只能随波逐流。说到这里,电感器的特别作用就非常清晰了,那就是"通直流,阻交流"。为什么这样说呢?如果以水车作为例子的话,直流就是恒定的一个方向的水流,水车虽然在水流开闸后的一小段时间内对水流有阻止,但一旦水车和水流建立平衡,则无论是水车还是水流都会按照规律运动,不再会有阻止发生,这就是"通直流"。而"阻交流",试想,如果渠道中的水流一会向左、一会向右,水车在其中也无法正常转动,最后的结果是水渠无法形成正常的运转,这就是电感的"阻交流"作用。我们在主板上常常可以看到裸露的、由粗壮铜丝缠绕的元件,没错,那就是电感。电感的"通直阻交"特性,让其在电路中能够发挥巨大的作用。在板卡中,电感多被用在储能、滤波、延迟和振荡等几个方面,是保障板卡稳定、安全运行的重要元件。当然,如果要深入分析这些作用,往往牵涉到很专业的电子知识,本文就不多做介绍了,感兴趣的读者可以自行查阅电路设计的相关内容。

5. 电感器的结构与特点

电感器一般由骨架、绕组、屏蔽罩、封装材料、磁芯或铁芯等组成。

(1)骨架。骨架泛指绕制线圈的支架。一些体积较大的固定式电感器或可调式电感器(如振荡线圈、阻流圈等),大多数是将漆包线(或纱包线)环绕在骨架上,再将磁芯或铜芯、铁芯等装入骨架的内腔,以提高其电感量。骨架通常是采用塑料、胶木、陶瓷制成,根据实际需要可以制成不同的形状。小型电感器(例如色码电感器)一般不使用骨架,而是直接将漆包线绕在磁芯上。空心电感器(也称脱胎线圈或空心线圈,多用于高频电路中)不用磁芯、骨架和屏蔽罩等,而是先在模具上绕好后再脱去模具,并将线圈各圈之间拉开一定距离。

(2)绕组。绕组是指具有规定功能的一组线圈,它是电感器的基本组成部分。绕组有单层和多层之分。单层绕组又有密绕(绕制时导线一圈挨一圈)和间绕(绕制时每圈导线之间均隔一定的距离)两种形式;多层绕组有分层平绕、乱绕、蜂房式绕法等多种。

(3)磁芯与磁棒。磁芯与磁棒一般采用镍锌铁氧体(NX 系列)或锰锌铁氧体(MX 系列)等材料,它有"工"字形、柱形、帽形、"E"形、罐形等多种形状。铁芯、铁芯材料主要有硅钢片、坡莫合金等,其外形多为"E"型。

(4)屏蔽罩。为避免有些电感器在工作时产生的磁场影响其他电路及元器件正常工作,就为其增加了金属屏幕罩(例如半导体收音机的振荡线圈等)。采用屏蔽罩的电感器,会增加线圈的损耗,使 Q 值降低。

(5)封装材料。有些电感器(如色码电感器、色环电感器等)绕制好后,用封装材料将线圈和磁芯等密封起来。封装材料采用塑料或环氧树脂等。

6. 电感器的分类

1)小型固定电感器

小型固定电感器通常是用漆包线在磁芯上直接绕制而成,主要用在滤波、振荡、陷波、延迟等电路中,它有密封式和非密封式两种封装形式,两种形式又都有立式和卧式两种外形结构。

(1)立式密封固定电感器:立式密封固定电感器采用同向型引脚,国产电感量范围为 $0.1 \sim 2200\mu H$(直标在外壳上),额定工作电流为 $0.05 \sim 1.6A$,误差范围为 $\pm 5\% \sim \pm 10\%$,进口的电感量,电流量范围更大,误差则更小。进口有 TDK 系列色码电感器,其电感量用色点标在电感器表面。

(2)卧式密封固定电感器:卧式密封固定电感器采用轴向型引脚,国产有 LG1、LGA、LGX 等系列。LG1 系列电感器的电感量范围为 $0.1 \sim 22000\mu H$(直标在外壳上),额定工作电流为 $0.05 \sim 1.6A$,误差范围为 $\pm 5\% \sim \pm 10\%$。LGA 系列电感器采用超小型结构,外形与 1/2W 色环电阻器相似,其电感量范围为 $0.22 \sim 100\mu H$(用色环标在外壳上),额定电流为 $0.09 \sim 0.4A$。LGX 系列色码电感器也为小型封装结构,其电感量范围为 $0.1 \sim 10000\mu H$,额定电流分为 50mA、150mA、300mA 和 1.6A 4 种规格。

2)可调电感器

常用的可调电感器有半导体收音机用振荡线圈、电视机用行振荡线圈、行线性线圈、中频陷波线圈、音响用频率补偿线圈、阻波线圈等,如图 1-33 所示。

(1)半导体收音机用振荡线圈。此振荡线圈在半导体收音机中与可变电容器等组成本机振荡电路,用来产生一个输入调谐电路接收的电台信号高出 465kHz 的本振信号。其外部为金属屏蔽罩,内部由尼龙衬架、工字形磁芯、磁帽及引脚座等构成,在工字磁芯上有用高强度漆包线绕制的绕组。磁帽装在屏蔽罩内的尼龙架上,可以上下旋转动,通过改变它与线圈的距离来改变线圈的电感量。电视机中频陷波线圈的内部结构与振荡线圈相似,只是磁帽可调磁芯。

(2)电视机用行振荡线圈。行振荡线圈用在早期的黑白电视机中,它与外围的阻容元件及行振荡晶体管等组成自激振荡电路(三点式振荡器或间歇振荡器、多谐振荡器),用来产生频率为 15625Hz 的矩形脉冲电压信号。该线圈的磁芯中心有方孔,行同步调节

图 1 - 33　可调电感器

旋钮直接插入方孔内,旋动行同步调节旋钮,即可改变磁芯与线圈之间的相对距离,从而改变线圈的电感量,使行振荡频率保持为 15625Hz,与自动频率控制电路(AFC)送入的行同步脉冲产生同步振荡。

(3)行线性线圈。行线性线圈是一种非线性磁饱和电感线圈(其电感量随着电流的增大而减小),它一般串联在行偏转线圈回路中,利用其磁饱和特性来补偿图像的线性畸变。行线性线圈是用漆包线在"工"字型铁氧体高频磁芯或铁氧体磁棒上绕制而成,线圈的旁边装有可调节的永久磁铁。通过改变永久磁铁与线圈的相对位置来改变线圈电感量的大小,从而达到线性补偿的目的。

3)阻流电感器

阻流电感器是指在电路中用以阻塞交流电流通路的电感线圈,它分为高频阻流线圈和低频阻流线圈。

(1)高频阻流线圈。高频阻流线圈也称高频扼流线圈,它用来阻止高频交流电流通过。高频阻流线圈工作在高频电路中,多用采空心或铁氧体高频磁芯,骨架用陶瓷材料或塑料制成,线圈采用蜂房式分段绕制或多层平绕分段绕制。

(2)低频阻流线圈。低频阻流线圈也称低频扼流圈,它应用于电流电路、音频电路或场输出等电路,其作用是阻止低频交流电流通过。通常,将用在音频电路中的低频阻流线圈称为音频阻流圈,将用在场输出电路中的低频阻流线圈称为场阻流圈,将用在电流滤波电路中的低频阻流线圈称为滤波阻流圈。低频阻流圈一般采用"E"形硅钢片铁芯(俗称矽钢片铁芯)、坡莫合金铁芯或铁淦氧磁芯。为防止通过较大直流电流引起磁饱和,安装时在铁芯中要留有适当空隙。

1.1.4　二极管

二极管又称晶体二极管,简称二极管(diode),另外,还有早期的真空电子二极管,它是一种具有单向传导电流的电子器件。在半导体二极管内部有一个 PN 结两个引线端子,这种电子器件按照外加电压的方向,具备单向电流的传导性。一般来讲,晶体二极管是一个由 P 型半导体和 N 型半导体烧结形成的 PN 结界面。在其界面的两侧形成空间电荷层,构成自建电场。当外加电压等于零时,由于 PN 结两边载流子的浓度差引起扩散电流和由自建电场引起的漂移电流相等而处于电平衡状态,这也是常态下的二极管特性。

1. 半导体二极管的分类

半导体二极管按其用途可分为:普通二极管和特殊二极管。普通二极管包括整流二极管、检波二极管、稳压二极管、开关二极管、快速二极管等;特殊二极管包括变容二极管、发光二极管、隧道二极管、触发二极管等。

2. 半导体二极管的主要参数

1)反向饱和漏电流(I_R)

指在二极管两端加入反向电压时,流过二极管的电流,该电流与半导体材料和温度有关。在常温下,硅管的 I_R 为纳安(10^{-9}A)级,锗管的 IR 为微安(10^{-6}A)级。

2)额定整流电流(I_F)

指二极管长期运行时,根据允许温升折算出来的平均电流值,目前大功率整流二极管的 IF 值可达 1000A。

3)最大平均整流电流(I_0)

在半波整流电路中,流过负载电阻的平均整流电流的最大值,这是设计时非常重要的值。

4)最大浪涌电流(I_{FSM})

允许流过的过量的正向电流。它不是正常电流,而是瞬间电流,这个值相当大。

5)最大反向峰值电压(V_{RM})

即使没有反向电流,只要不断地提高反向电压,迟早会使二极管损坏。这种能加上的反向电压,不是瞬时电压,而是反复加上的正反向电压。因给整流器加的是交流电压,它的最大值是规定的重要因子。最大反向峰值电压 V_{RM} 指为避免击穿所能加的最大反向电压。目前最高的 V_{RM} 值可达几千伏。

6)最大直流反向电压(V_R)

上述最大反向峰值电压是反复加上的峰值电压,V_R 是连续加直流电压时的值。用于直流电路,最大直流反向电压对于确定允许值和上限值是很重要的。

7)最高工作频率(f_M)

由于 PN 结的结电容存在,当工作频率超过某一值时,它的单向导电性将变差。点接触式二极管的 f_M 值较高,在 100MHz 以上;整流二极管的 f_M 较低,一般不高于几千赫。

8)反向恢复时间(T_{rr})

当工作电压从正向电压变成反向电压时,二极管工作的理想情况是电流能瞬时截止。实际上,一般要延迟一点点时间。决定电流截止延时的量,就是反向恢复时间。虽然它直接影响二极管的开关速度,但不一定说这个值小就好。也即当二极管由导通突然反向时,反向电流由很大衰减到接近 IR 时所需要的时间。大功率开关管工作在高频开关状态时,此项指标至为重要。

9)最大功率 P

二极管中有电流流过,就会吸热,而使自身温度升高。最大功率 P 为功率的最大值。具体讲就是加在二极管两端的电压乘以流过的电流。这个极限参数对稳压二极管、可变电阻二极管显得特别重要。

3. 几种常用二极管的特点

1)整流二极管

整流二极管结构主要是平面接触型,其特点是允许通过的电流比较大,反向击穿电压比较高,但 PN 结电容比较大,一般广泛应用于处理频率不高的电路中。例如整流电路、嵌位电路、保护电路等。整流二极管在使用中主要考虑的问题是最大整流电流和最高反向工作电压应大于实际工作中的值。

2）快速二极管

快速二极管的工作原理与普通二极管是相同的,但由于普通二极管工作在开关状态下的反向恢复时间较长,约 4～5ms,不能适应高频开关电路的要求。快速二极管主要应用于高频整流电路、高频开关电源、高频阻容吸收电路、逆变电路等,其反向恢复时间可达 10ns。快速二极管主要包括快恢复二极管和肖特基二极管。

3）稳压二极管

稳压二极管是利用 PN 结反向击穿特性所表现出的稳压性能制成的器件。稳压二极管也称齐纳二极管或反向击穿二极管,在电路中起稳定电压作用。它是利用二极管被反向击穿后,在一定反向电流范围内,反向电压不随反向电流变化这一特点进行稳压的。稳压二极管通常由硅半导体材料采用合金法或扩散法制成。它既具有普通二极管的单向导电特性,又可工作于反向击穿状态。在反向电压较低时,稳压二极管截止;当反向电压达到一定数值时,反向电流突然增大,稳压二极管进入击穿区,此时即使反向电流在很大范围内变化时,稳压二极管两端的反向电压也能保持基本不变。但若反向电流增大到一定数值后,稳压二极管则会被彻底击穿而损坏。

4. 主要特点

1）正向性

外加正向电压时,在正向特性的起始部分,正向电压很小,不足以克服 PN 结内电场的阻挡作用,正向电流几乎为零,这一段称为死区。这个不能使二极管导通的正向电压称为死区电压。当正向电压大于死区电压以后,PN 结内电场被克服,二极管导通,电流随电压增大而迅速上升。在正常使用的电流范围内,导通时二极管的端电压几乎维持不变,这个电压称为二极管的正向电压。

2）反向性

外加反向电压不超过一定范围时,通过二极管的电流是少数载流子漂移运动所形成反向电流,由于反向电流很小,二极管处于截止状态。这个反向电流又称为反向饱和电流或漏电流,二极管的反向饱和电流受温度影响很大。

3）击穿

外加反向电压超过某一数值时,反向电流会突然增大,这种现象称为电击穿。引起电击穿的临界电压称为二极管反向击穿电压。电击穿时二极管失去单向导电性。如果二极管没有因电击穿而引起过热,则单向导电性不一定会被永久破坏,在撤除外加电压后,其性能仍可恢复,否则二极管就损坏了。因而使用时应避免二极管外加的反向电压过高。二极管是一种具有单向导电的二端器件,有电子二极管和晶体二极管之分,电子二极管现已很少见到,比较常见和常用的多是晶体二极管。二极管的单向导电特性,几乎在所有的电子电路中,都要用到半导体二极管,它在许多的电路中起着重要的作用,它是诞生最早的半导体器件之一,其应用也非常广泛。二极管的管压降:硅二极管(不发光类型)正向管压降 0.7V,锗管正向管压降为 0.3V,发光二极管正向管压降为随不同发光颜色而不同。主要有三种颜色,具体压降参考值如下:红色发光二极管的压降为 2.0～2.2V,黄色发光二极管的压降为 1.8～2.0V,绿色发光二极管的压降为 3.0～3.2V,正常发光时的额定电流约为 20mA。二极管的电压与电流不是线性关系,所以在将不同的二极管并联的时候要接相适应的电阻。

4)二极管的特性曲线

与 PN 结一样,二极管具有单向导电性。硅二极管典型伏安特性曲线如图 1-34 所示。在二极管加有正向电压,当电压值较小时,电流极小;当电压超过 0.6V 时,电流开始按指数规律增大,通常称此为二极管的开启电压;当电压达到约 0.7V 时,二极管处于完全导通状态,通常称此电压为二极管的导通电压,用符号 UD 表示。对于锗二极管,开启电压为 0.2V,导通电压 UD 约为 0.3V。

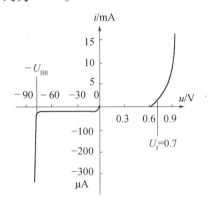

图 1-34　硅二极管典型伏安特性曲线

给二极管加上反向电压,当电压值较小时,电流极小,其电流值为反向饱和电流 I_S。当反向电压超过某个值时,电流开始急剧增大,称之为反向击穿,称此电压为二极管的反向击穿电压,用符号 U_{BR} 表示。不同型号的二极管的击穿电压 U_{BR} 值差别很大,从几十伏到几千伏。

5. 应用

1)整流二极管:利用二极管单向导电性,可以把方向交替变化的交流电变换成单一方向的脉冲直流电。

2)开关元件:二极管在正向电压作用下电阻很小,处于导通状态,相当于一只接通的开关;在反向电压作用下,电阻很大,处于截止状态,如同一只断开的开关。利用二极管的开关特性,可以组成各种逻辑电路。

3)限幅元件:二极管正向导通后,它的正向压降基本保持不变(硅管为 0.7V,锗管为 0.3V)。利用这一特性,在电路中作为限幅元件,可以把信号幅度限制在一定范围内。

4)继流二极管:在开关电源的电感中和继电器等感性负载中起继流作用。

5)检波二极管:在收音机中起检波作用。

6)变容二极管:使用于电视机的高频头中。

7)显示元件:用于 VCD、DVD、计算器等显示器上。

8)稳压二极管:稳压二极管实质上是一个面结型硅二极管,稳压二极管工作在反向击穿状态。在二极管的制造工艺上,使它有低压击穿特性。稳压二极管的反向击穿电压恒定,在稳压电路中串入限流电阻,使稳压管击穿后电流不超过允许值,因此击穿状态可以长期持续并不会损坏。

9）触发二极管:触发二极管又称双向触发二极管（DIAC），是三层结构，具有对称性的二端半导体器件。常用来触发双向可控硅，在电路中作过压保护等用途。

1.1.5 三极管

半导体三极管又称"晶体三极管"或"晶体管"。在半导体锗或硅的单晶上制备两个能相互影响的 PN 结,组成一个 PNP(或 NPN)结构。中间的 N 区(或 P 区)叫基区,两边的区域叫发射区和集电区,这三部分各有一条电极引线,分别叫基极 B、发射极 E 和集电极 C,是能起放大、振荡或开关等作用的半导体电子器件。

1. 三极管的分类

晶体三极管的种类很多,分类方法也有多种。下面按用途、频率、功率、材料等进行分类。

1）按材料和极性:分为硅材料的 NPN 与 PNP 三极管,锗材料的 NPN 与 PNP 三极管。

2）按用途:分为高、中频放大管、低频放大管、低噪声放大管、光电管、开关管、高反压管、达林顿管、带阻尼的三极管等。

3）按功率:分为小功率三极管、中功率三极管、大功率三极管。

4）按工作频率:分为低频三极管、高频三极管和超高频三极管。

5）按制作工艺:分为平面型三极管、合金型三极管、扩散型三极管。

6）按外形封装的不同:分为金属封装三极管、玻璃封装三极管、陶瓷封装三极管、塑料封装三极管等。

2. 三极管主要参数

1）电流放大系数

（1）共发射极电流放大系数:β 为直流（交流）电流放大系数,$\beta = I_c/I_b$（$\beta = \Delta i_c/\Delta i_b$）。

（2）共基极电流放大系数:$\alpha = \beta/(1+\beta)$,$a < 1$,一般在 0.98 以上。

2）极间反向饱和电流:CB

极间反向饱和电流为 ICBO,CE 极间反向饱和电流为 ICEO。ICBO、ICEO 均随温度的升高而增大。

3）极限参数:ICM

集电极最大允许电流,超过时 b 值明显降低。

4）集电极最大允许功率损耗:P_{CM}。

5）基极开路时 C、E 极间反向击穿电压:$U_{(BR)CEO}$。

6）发射极开路时 C、B 极间反向击穿电压:$U_{(BR)CBO}$。

7）集电极极开路时 E、B 极间反向击穿电压:$U_{(BR)EBO}$。其中,$U_{(BR)CBO} > U_{(BR)CEO} > U_{(BR)EBO}$。

3. 应用

根据不同电路的要求,选用不同类型的三极管。在不同的电子产品中,电路各有不同,如高频放大电路、中频放大电路、功率放大电路、电源电路、振荡电路、脉冲数字电路等。由于电路的功能不同,构成电路所需要的三极管的特性及类型也不同,如高频放大电路所需要的是高频小功率管,如 3DG79、3DG80、3DG8l 等,也可选用 3DG91、3DG92、

3DG93 等超高频低噪声小功率管。又如电源电路的调整管可选用 3DA581、DF104D、2SC1875、2SC2060 等。功率放大电路可选用 2SC1893、2SC1894、D2027、2SC2383、DA2271 等。

1300X 是开关管,适合于在 PWM 应用中高速地开关,从微观上看,在基极加上电流后,管子从截止变为导通的过程中,集电极输出电流的变化速度快,比 90XX 上升到正常电流(即按 $I_c = I_b \times \beta$ 得出的电流)所用的时间更短,换句话说就是曲线更陡,它的放大区小,饱和区大,这样在导通过程中损耗在管子上的功率少。作为电源这种功率场合,在管子上损失的功率越少,当然效率更高,所以开关电源或是 PWM 方式的电机控制器使用这种管子较多。90XX 是一般的小信号三极管,即使是 9018 这种高频管,导通的过程仍旧比较慢,但是它的特点是信号还原好,拥有更宽的放大区,所以适合于在音频放大等场合使用。

4. 结构简介

三极管的基本结构是两个反向连接的 PN 接面,如图 1－35 所示,可有 PNP 和 NPN 两种组合。三个接出来的端点依序称为发射极(emitter,E)、基极(base,B)和集电极(collector,C),名称来源和它们在三极管操作时的功能有关。图中也显示出 NPN 与 PNP 三极管的电路符号,发射极特别被标出,箭头所指的极为 N 型半导体,和二极体的符号一致。在没接外加偏压时,两个 PN 接面都会形成耗尽区,将中性的 P 型区和 N 型区隔开。

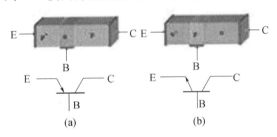

图 1－35　三极管

三极管的电特性和两个 PN 接面的偏压有关,工作区间也依偏压方式来分类,这里,我们先讨论最常用的所谓"正向活性区"(forward active),在此区 EB 极间的 PN 接面维持在正向偏压,而 BC 极间的 PN 接面则在反向偏压,通常用作放大器的三极管都以此方式偏压。

射极注入基极的电洞流大小由 EB 接面间的正向偏压大小来控制,和二极体的情形类似,在启动电压附近,微小的偏压变化,即可造成很大的注入电流变化。更精确地说,三极管利用 VEB(或 VBE)的变化来控制 I_C,而且提供的 I_B 远比 I_C 小。NPN 三极管的操作原理和 PNP 三极管是一样的,只是偏压方向,电流方向均相反,电子和电洞的角色互易。PNP 三极管是利用 VEB 控制由射极经基极,入射到集电极的电洞,而 NPN 三极管则是利用 VBE 控制由射极经基极、入射到集电极的电子。三极管在数字电路中的用途其实就是开关,利用电信号使三极管在正向活性区(或饱和区)与截止区间切换,就开关而言,对应开与关的状态,就数字电路而言则代表 0 与 1(或 1 与 0)两个二进位数字。若三极管一直在正向活性区维持偏压,在射极与基极间微小的电信号(可以是电压或电流)变化会造成射极与集电极间电流相对上很大的变化,故可用作信号放大器。

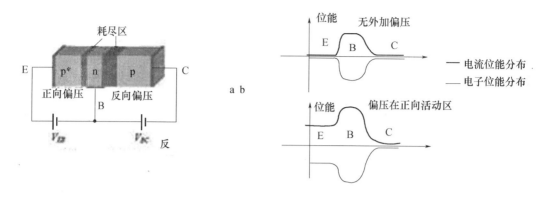

图 1-36 三极管正向活性区时主要电流种类

5. 工作原理

晶体三极管(以下简称三极管)按材料分有两种:锗管和硅管。而每一种又有 NPN 和 PNP 两种结构形式,但使用最多的是硅 NPN 和锗 PNP 两种三极管(其中,N 表示在高纯度硅中加入磷,是指取代一些硅原子,在电压刺激下产生自由电子导电,而 P 是加入硼取代硅,产生大量空穴利于导电)。两者除了电源极性不同外,其工作原理都是相同的,下面仅介绍 NPN 硅管的电流放大原理。对于 NPN 管,它是由两块 N 型半导体中间夹着一块 P 型半导体所组成,发射区与基区之间形成的 PN 结称为发射结,而集电区与基区形成的 PN 结称为集电结,三条引线分别称为发射极 e、基极 b 和集电极 c。当 b 点电位高于 e 点电位零点几伏时,发射结处于正偏状态,而 c 点电位高于 b 点电位几伏时,集电结处于反偏状态,集电极电源 E_c 要高于基极电源 E_{bo}。在制造三极管时,有意识地使发射区的多数载流子浓度大于基区的,同时基区做得很薄,而且,要严格控制杂质含量,这样,一旦接通电源后,由于发射结正偏,发射区的多数载流子(电子)及基区的多数载流子(空穴)很容易地越过发射结互相向对方扩散,但因前者的浓度基大于后者,所以通过发射结的电流基本上是电子流,这股电子流称为发射极电流。由于基区很薄,加上集电结的反偏,注入基区的电子大部分越过集电结进入集电区而形成集电集电流 I_c,只剩下很少(1 – 10%)的电子在基区的空穴进行复合,被复合掉的基区空穴由基极电源 E_b 重新补给,从而形成了基极电流 I_{bo}。根据电流连续性原理得:$I_e = I_b + I_c$,这就是说,在基极补充一个很小的 I_b,就可以在集电极上得到一个较大的 I_c,这就是所谓电流放大作用,I_c 与 I_b 是维持一定的比例关系,即:$\beta_1 = I_c/I_b$ 式中:β_1 称为直流放大倍数,集电极电流的变化量 ΔI_c 与基极电流的变化量 ΔI_b 之比为:$\beta = \Delta I_c/\Delta I_b$。式中:$\beta$ 为交流电流放大倍数,由于低频时 β_1 和 β 的数值相差不大,所以有时为了方便起见,对两者不作严格区分,β 值为几十至一百多。

三极管是一种电流放大器件,但在实际使用中常常利用三极管的电流放大作用,通过电阻转变为电压放大作用。极管放大时管子内部的工作原理如下。

(1) 发射区向基区发射电子:电源 U_b 经过电阻 R_b 加在发射结上,发射结正偏,发射区的多数载流子(自由电子)不断地越过发射结进入基区,形成发射极电流 I_e。同时,基区多数载流子也向发射区扩散,但由于多数载流子浓度远低于发射区载流子浓度,可以不考虑这个电流,因此可以认为发射结主要是电子流。

（2）基区中电子的扩散与复合：电子进入基区后，先在靠近发射结的附近密集，渐渐形成电子浓度差，在浓度差的作用下，促使电子流在基区中向集电结扩散，被集电结电场拉入集电区形成集电极电流 I_c。也有很小一部分电子（因为基区很薄）与基区的空穴复合，扩散的电子流与复合电子流之比例决定了三极管的放大能力。

（3）集电区收集电子：由于集电结外加反向电压很大，这个反向电压产生的电场力将阻止集电区电子向基区扩散，同时将扩散到集电结附近的电子拉入集电区从而形成集电极主电流 I_{cn}。另外集电区的少数载流子（空穴）也会产生漂移运动，流向基区形成反向饱和电流，用 I_{cbo} 来表示，其数值很小，但对温度却异常敏感。

1.2 集成芯片及常用集成电路

1.2.1 单片机及控制电路

什么是单片机？在一片集成电路芯片上集成微处理器、存储器、I/O 接口电路，从而构成了单芯片微型计算机，即单片机。Intel 公司推出了 MCS-51 系列单片机，集成 8 位 CPU、4k 字节 ROM、128 字节 RAM、4 个 8 位并口、1 个全双工串行口、2 个 16 位定时/计数器。寻址范围 64k，并有控制功能较强的布尔处理器。

1. 单片机主要基础知识需掌握

最小系统能够运行起来的必要条件为：电源、晶振、复位电路。

对单片机任意 IO 口的操作：输出控制电平高低、输出检测电平高低。

定时器：重点掌握最常用的方式。

中断：外部中断、定时器中断、串口中断。

串口通信：单片机之间、单片机与计算机间。

数字电路中只有两种电平：高和低。

（本课程中）定义单片机为 TTL 电平：

高 +5V   低 0V

RS232 电平：   计算机的串口

高 -12V   低 +12V

所以计算机与单片机之间通讯时需要加电平转换芯片 max232。

以下对 80C51 系列进行介绍。

80C51 是 MCS-51 系列中的一个典型品种，其他厂商以 8051 为基核开发出的 CMOS 工艺单片机产品统称为 80C51 系列。当前常用的 80C51 系列单片机主要产品如下。

（1）Intel 的：80C31、80C51、87C51，80C32、80C52、87C52 等。

（2）ATMEL 的：89C51、89C52、89C2051 等。

（3）Philips、华邦、Dallas 、STC、Siemens（Infineon）等公司的许多产品 。

总线（BUS）是计算机各部件之间传送信息的公共通道。微机中有内部总线和外部总线两类。内部总线是 CPU 内部之间的连线；外部总线是指 CPU 与其他部件之间的连线。外部总线有 3 种：数据总线（Data Bus，DB），地址总线（Address Bus，AB）和控制总线（Control Bus，CB）。

CPU:由运算和控制逻辑组成,同时还包括中断系统和部分外部特殊功能寄存器。

RAM:用以存放可以读写的数据,如运算的中间结果、最终结果以及欲显示的数据。

ROM:用以存放程序、一些原始数据和表格。

I/O 口:四个 8 位并行 I/O 口,既可用作输入,也可用作输出。

T/C:两个定时/记数器,既可以工作在定时模式,也可以工作在记数模式。

5 个中断源的中断控制系统,1 个全双工 UART(通用异步接收发送器)的串行 I/O 口,用于实现单片机之间或单片机与微机之间的串行通信。

片内振荡器和时钟产生电路,石英晶体和微调电容需要外接。最高振荡频率取决于单片机型号及性能。

单片机工作的基本时序

(1)振荡周期:也称时钟周期,是指为单片机提供时钟脉冲信号的振荡源的周期,TX 实验板上为 11.0592MHZ。

(2)状态周期:每个状态周期为时钟周期的 2 倍,是振荡周期经二分频后得到的。

(3)机器周期:一个机器周期包含 6 个状态周期 S1 ~ S6,也就是 12 个时钟周期。在一个机器周期内,CPU 可以完成一个独立的操作。

(4)指令周期:它是指 CPU 完成一条操作所需的全部时间。每条指令执行时间都是有一个或几个机器周期组成。MCS - 51 系统中,有单周期指令、双周期指令和四周期指令。

2. 单片机控制电路

凡是与控制或简单计算有关的电子设备都可以用单片机来实现,再根据具体实际情况选择不同性能的单片机,如:atmel、stc、pic、avr、凌阳、80C51、arm 等。

用到单片机的项目经验介绍如下。

手持粮库温度寻检设备。

毕设答辩打分器。

电话台灯。

自动感应水龙头。

工业自动化:数据采集、测控技术。

智能仪器仪表:数字示波器、数字信号源、数字万用表、感应电流表等。

消费类电子产品:洗衣机、电冰箱、空调机、电视机、微波炉、手机、IC 卡、汽车电子设备等。

通信方面:调制解调器、程控交换技术、手机、小灵通等。

武器装备:飞机、军舰、坦克、导弹、航天飞机、鱼雷制导、智能武器等。

1.2.2　运算放大器及运放电路

运算放大器(简称"运放")是具有很高放大倍数的电路单元。在实际电路中,通常结合反馈网络共同组成某种功能模块。由于早期应用于模拟计算机中,用以实现数学运算,故得名"运算放大器"。运放是一个从功能的角度命名的电路单元,可以由分立的器件实现,也可以实现在半导体芯片当中。随着半导体技术的发展,大部分的运放是以单芯片的形式存在。运放的种类繁多,广泛应用于电子行业当中。

1. 运算放大器工作原理

运放有两个输入端 a（反相输入端），b（同相输入端）和一个输出端 o。也分别被称为倒向输入端、非倒向输入端和输出端。当电压 $U-$ 加在 a 端和公共端（公共端是电压为零的点，它相当于电路中的参考结点）之间，且其实际方向从 a 端高于公共端时，输出电压 U 实际方向则自公共端指向 o 端，即两者的方向正好相反。当输入电压 $U+$ 加在 b 端和公共端之间，U 与 $U+$ 两者的实际方向相对公共端恰好相同。为了区别起见，a 端和 b 端分别用"$-$"和"$+$"号标出，但不要将它们误认为电压参考方向的正负极性。电压的正负极性应另外标出或用箭头表示。

一般可将运放简单地视为：具有一个信号输出端口（Out）和同相、反相两个高阻抗输入端的高增益直接耦合电压放大单元，因此可采用运放制作同相、反相及差分放大器。

运放的供电方式分双电源供电与单电源供电两种。对于双电源供电运放，其输出可在零电压两侧变化，在差动输入电压为零时输出也可置零。采用单电源供电的运放，输出在电源与地之间的某一范围变化。

运放的输入电位通常要求高于负电源某一数值，而低于正电源某一数值。经过特殊设计的运放可以允许输入电位在从负电源到正电源的整个区间变化，甚至稍微高于正电源或稍微低于负电源也被允许。这种运放称为轨到轨（Rail – to – Rail）输入运算放大器。

运算放大器的输出信号与两个输入端的信号电压差成正比，在音频段有：输出电压 = $A_0(E_1 - E_2)$，其中，A_0 是运放的低频开环增益（如 100dB，即 100000 倍），E_1 是同相端的输入信号电压，E_2 是反相端的输入信号电压。

2. 运算放大器的主要参数

（1）共模输入电阻（R_{INCM}）：该参数表示运算放大器工作在线性区时，输入共模电压范围与该范围内偏置电流的变化量之比。

（2）直流共模抑制（C_{MRDC}）：该参数用于衡量运算放大器对作用在两个输入端的相同直流信号的抑制能力。

（3）交流共模抑制（C_{MRAC}）：CMRAC 用于衡量运算放大器对作用在两个输入端的相同交流信号的抑制能力，是差模开环增益除以共模开环增益的函数。

（4）增益带宽积（G_{BW}）：GBW 是一个常量，定义在开环增益随频率变化的特性曲线中以 -20dB/十倍频程滚降的区域。

（5）输入偏置电流（I_B）：该参数指运算放大器工作在线性区时流入输入端的平均电流。

（6）输入偏置电流温漂（T_{CIB}）：该参数代表输入偏置电流在温度变化时产生的变化量。T_{CIB} 通常以 pA/℃ 为单位表示。

（7）输入失调电流（I_{OS}）：该参数是指流入两个输入端的电流之差。

（8）输入失调电流温漂（T_{CIOS}）：该参数代表输入失调电流在温度变化时产生的变化量。T_{CIOS} 通常以 pA/℃ 为单位表示。

（9）差模输入电阻（R_{IN}）：该参数表示输入电压的变化量与相应的输入电流变化量之比，电压的变化导致电流的变化。在一个输入端测量时，另一输入端接固定的共模电压。

（10）输出阻抗（Z_O）：该参数是指运算放大器工作在线性区时，输出端的内部等效小信号阻抗。

（11）输出电压摆幅（V_0）:该参数是指输出信号不发生箝位的条件下能够达到的最大电压摆幅的峰峰值,V_0 一般定义在特定的负载电阻和电源电压下。

（12）功耗（P_d）:表示器件在给定电源电压下所消耗的静态功率,P_d 通常定义在空载情况下。

（13）电源抑制比（P_{SRR}）:该参数用来衡量在电源电压变化时运算放大器保持其输出不变的能力,PSRR 通常用电源电压变化时所导致的输入失调电压的变化量表示。

（14）转换速率/压摆率（S_R）:该参数是指输出电压的变化量与发生这个变化所需时间之比的最大值。SR 通常以 V/s、V/ms、V/μs 为单位表示,有时也分别表示成正向变化和负向变化。

（15）电源电流（I_{CC}、I_{DD}）:该参数是在指定电源电压下器件消耗的静态电流,这些参数通常定义在空载情况下。

（16）单位增益带宽（B_W）:该参数指开环增益大于 1 时运算放大器的最大工作频率。

（17）输入失调电压（V_{OS}）:该参数表示使输出电压为零时需要在输入端作用的电压差。

（18）输入失调电压温漂（T_{CVOS}）:该参数指温度变化引起的输入失调电压的变化,通常以 μV/℃ 为单位表示。

（19）输入电容（C_{IN}）:C_{IN} 表示运算放大器工作在线性区时任何一个输入端的等效电容（另一输入端接地）。

（20）输入电压范围（V_{IN}）:该参数指运算放大器正常工作（可获得预期结果）时,所允许的输入电压的范围,V_{IN} 通常定义在指定的电源电压下。

（21）输入电压噪声密度（e_N）:对于运算放大器,输入电压噪声可以看作是连接到任意一个输入端的串联噪声电压源,e_N 通常以 nV/Hz 为单位表示,定义在指定频率。

（22）输入电流噪声密度（i_N）:对于运算放大器,输入电流噪声可以看作是两个噪声电流源,连接到每个输入端和公共端,通常以 pA/Hz 为单位表示,定义在指定频率。

（23）理想运算放大器参数:差模放大倍数、差模输入电阻、共模抑制比、上限频率均无穷大;输入失调电压及其温漂、输入失调电流及其温漂,以及噪声均为零。

3. 运算放大器的应用

运算放大器是用途广泛的器件,接入适当的反馈网络,可用作精密的交流和直流放大器、有源滤波器、振荡器及电压比较器。运放电路能够把微弱的信号放大的电路叫做放大电路或放大器。例如助听器里的关键部件就是一个放大器。

1) 放大电路的用途和组成

放大器有交流放大器和直流放大器。交流放大器又可按频率分为低频、中频和高频;按输出信号强弱分为电压放大、功率放大等。此外还有用集成运算放大器和特殊晶体管作器件的放大器。它是电子电路中最复杂多变的电路。但初学者经常遇到的也只是少数几种较为典型的放大电路。

读放大电路图时也还是按照"逐级分解、抓住关键、细致分析、全面综合"的原则和步骤进行。首先把整个放大电路按输入、输出逐级分开,然后逐级抓住关键进行分析弄通原理。放大电路有它本身的特点:一是有静态和动态两种工作状态,所以有时往往要画出它的直流通路和交流通路才能进行分析;二是电路往往加有负反馈,这种反馈有时在本级内,有时是从后级反馈到前级,所以在分析这一级时还要能"瞻前顾后"。在弄通每一级的原理之后就可以把整个电路串通起来进行全面综合。

2)低频电压放大器

低频电压放大器是指工作频率在 20Hz ~20kHz 之间、输出要求有一定电压值而不要求很强的电流的放大器。

(1)共发射极放大电路。

图 1-37(a)是共发射极放大电路。C_1 是输入电容,C_2 是输出电容,三极管 V_T 就是起放大作用的器件,R_B 是基极偏置电阻,R_C 是集电极负载电阻。1、3 端是输入,2、3 端是输出,3 端是公共点,通常是接地的,也称"地"端。静态时的直流通路如图 1-37(b)所示,动态时交流通路如图 1-38 所示。电路的特点是电压放大倍数从十几到一百多,输出电压的相位和输入电压是相反的,性能不够稳定,可用于一般场合。

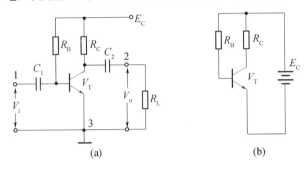

图 1-37 共发射极放大电路和静态时直流通路

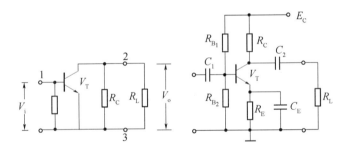

图 1-38 动态时交流通路

(2)分压式偏置共发射极放大电路。

如图 1-39 所示,基极电压是由 R_{B1} 和 R_{B2} 分压取得的,所以称为分压偏置。发射极中增加电阻 R_E 和电容 C_E,C_E 称交流旁路电容,对交流是短路的;R_E 则有直流负反馈作用。所谓反馈是指把输出的变化通过某种方式送到输入端,作为输入的一部分。如果送回部分和原来的输入部分是相减的,就是负反馈。图中基极真正的输入电压是 R_{B2} 上电压和 R_E 上电压的差值,所以是负反馈。由于采取了上面两个措施,使电路工作稳定性能提高,是应用最广的放大电路。

(3)射极输出器。

图 1-39(a)是一个射极输出器。它的输出电压是从射极输出的。图 1-39(b)是它的交流通路图,可以看到它是共集电极放大电路。

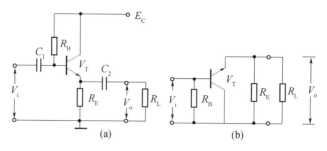

图 1-39　射极输出器和交流通路

这个图中,晶体管真正的输入是 V_i 和 V_o 的差值,所以这是一个交流负反馈很深的电路。由于很深的负反馈,这个电路的特点是:电压放大倍数小于 1 而接近 1,输出电压和输入电压同相,输入阻抗高输出阻抗低、失真小、频带宽、工作稳定。它经常被用作放大器的输入级、输出级或作阻抗匹配之用。

(4)低频放大器的耦合。

一个放大器通常有好几级,级与级之间的联系就称为耦合。放大器的级间耦合方式有 3 种:①RC 耦合,如图 1-40(a)所示,优点是简单、成本低。但性能不是最佳;② 变压器耦合,如图 1-40 (b)所示,优点是阻抗匹配好、输出功率和效率高,但变压器制作比较麻烦;③直接耦合,如图 1-40(c)所示,优点是频带宽,可作直流放大器使用,但前后级工作有牵制,稳定性差,设计制作较麻烦。

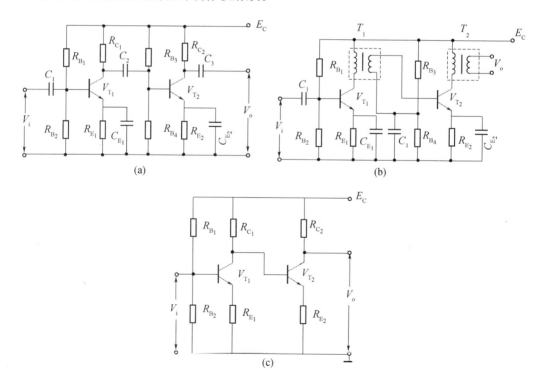

图 1-40　低频放大器的耦合方式

3）功率放大器

能把输入信号放大并向负载提供足够大的功率的放大器。例如收音机的末级放大器就是功率放大器。

（1）甲类单管功率放大器。

图1-41是单管功率放大器，C_1是输入电容，T是输出变压器。它的集电极负载电阻$R_{C'}$是将负载电阻R_L通过变压器匝数比折算过来的：

$$R_{C'} = (N_1 N_2) 2 R_L = N^2 R_L$$

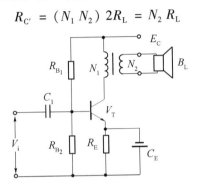

图1-41　单管功率放大器

负载电阻是低阻抗的扬声器，用变压器可以起阻抗变换作用，使负载得到较大的功率。这个电路不管有没有输入信号，晶体管始终处于导通状，静态电流比较大，因此集电极损耗较大，效率不高，大约只有35%。这种工作状态被称为甲类工作状态。这种电路一般用在功率不太大的场合，它的输入方式可以是变压器耦合也可以是R_C耦合。

（2）乙类推挽功率放大器。

图1-42是常用的乙类推挽功率放大电路。它由两个特性相同的晶体管组成对称电路，在没有输入信号时，每个管子都处于截止状态，静态电流几乎是零，只有在有信号输入时管子才导通，这种状态称为乙类工作状态。当输入信号是正弦波时，正半周时V_{T_1}导通V_{T_2}截止，负半周时V_{T_2}导通V_{T_1}截止。两个管子交替出现的电流在输出变压器中合成，使负载上得到纯正的正弦波。这种两管交替工作的形式叫做推挽电路。

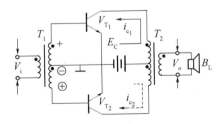

图1-42　乙类推挽功率放大电路

乙类推挽放大器的输出功率较大，失真也小，效率也较高，一般可达60%。

（3）OTL功率放大器。

目前广泛应用的无变压器乙类推挽放大器，简称OTL电路，是一种性能很好的功率放大器。为了易于说明，先介绍一个有输入变压器没有输出变压器的OTL电路，如

图 1-43 所示。

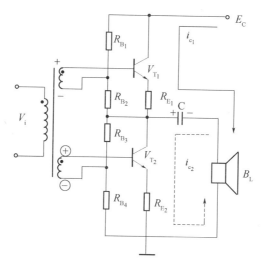

图 1-43　OTL 电路

这个电路使用两个特性相同的晶体管,两组偏置电阻和发射极电阻的阻值也相同。在静态时,V_{T_1}、V_{T_2} 流过的电流很小,电容 C 上充有对地为 $\frac{1}{2}E_C$ 的直流电压。在有输入信号时,正半周时 V_{T_1} 导通,V_{T_2} 截止,集电极电流 i_{c_1} 方向如图所示,负载 R_L 上得到放大了的正半周输出信号。负半周时 V_{T_1} 截止,V_{T_2} 导通,集电极电流 i_{c_2} 的方向如图所示,R_L 上得到放大了的负半周输出信号。这个电路的关键元件是电容器 C,它上面的电压就相当于 V_{T_2} 的供电电压。

以这个电路为基础,还有用三极管倒相的不用输入变压器的真正 OTL 电路,用 PNP 管和 NPN 管组成的互补对称式 OTL 电路,以及最新的桥接推挽功率放大器,简称 BTL 电路等。

4)直流放大器

能够放大直流信号或变化很缓慢的信号的电路称为直流放大电路或直流放大器。测量和控制方面常用到这种放大器。

(1)双管直耦放大器。

直流放大器不能用 R_C 耦合或变压器耦合,只能用直接耦合方式。图 1-44 所示是一个两级直耦放大器。直耦方式会带来前后级工作点的相互牵制,电路中在 V_{T_2} 的发射极加电阻 R_E 以提高后级发射极电位来解决前后级的牵制。直流放大器的另一个更重要的问题是零点漂移。所谓零点漂移是指放大器在没有输入信号时,由于工作点不稳定引起静态电位缓慢地变化,这种变化被逐级放大,使输出端产生虚假信号。放大器级数越多,零点漂移越严重。所以这种双管直耦放大器只能用于要求不高的场合。

(2)差分放大器。

解决零点漂移的办法是采用差分放大器,图 1-45 是应用较广的射极耦合差分放大器。它使用双电源,其中 V_{T_1} 和 V_{T_2} 的特性相同,两组电阻数值也相同,R_E 有负反馈作用。实际上这是一个桥形电路,两个 R_C 和两个管子是四个桥臂,输出电压 V_0 从电桥的对角线上取出。没有输入信号时,因为 $R_{C_1} = R_{C_2}$ 和两管特性相同,所以电桥是平衡的,输出是零。

由于是接成桥形,零点漂移也很小。

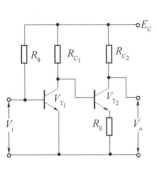
图1-44　两级直耦放大器

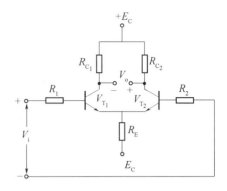
图1-45　射极耦合差分放大器

差分放大器有良好的稳定性,因此得到广泛的应用。

5)集成运算放大器

集成运算放大器是一种把多级直流放大器做在一个芯片上,只要在外部接少量元件就能完成各种功能的器件。因为它早期是用在模拟计算机中做加法器、乘法器用的,所以叫做运算放大器。它有十多个引脚,一般都用有3个端子的三角形符号表示,如图1-46所示。它有2个输入端、1个输出端,上面那个输入端叫做反相输入端,用"-"作标记;下面的叫同相输入端,用"+"作标记。

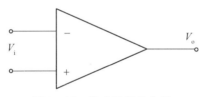
图1-46　集成运算放大器

集成运算放大器可以完成加、减、乘、除、微分、积分等多种模拟运算,也可以接成交流或直流放大器应用。在作放大器应用时有如下应用。

(1)带调零的同相输出放大电路。

图1-47是带调零端的同相输出运放电路。引脚1、11、12是调零端,调整R_P可使输出端8在静态时输出电压为零。9、6两脚分别接正、负电源。输入信号接到同相输入端5,因此输出信号和输入信号同相。放大器负反馈经反馈电阻R_2接到反相输入端4。同相输入接法的电压放大倍数总是大于1的。

(2)反相输出运放电路。

也可以使输入信号从反相输入端接入,如图1-48所示。如对电路要求不高,可以不用调零,这时可以把3个调零端短路。

输入信号从耦合电容C_1经R_1接入反相输入端,而同相输入端通过电阻R_3接地。反相输入接法的电压放大倍数可以大于1、等于1或小于1。

(3)同相输出高输入阻抗运放电路。

图1-49中没有接入R_1,相当于R_1阻值无穷大,这时电路的电压放大倍数等于1,输入阻抗可达几百千欧。

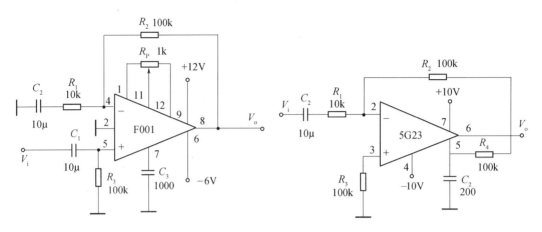

图 1 - 47　带调零端的同相输出运放电路　　　　　图 1 - 48　反相输出运放电路

放大电路读图要点和举例如下。

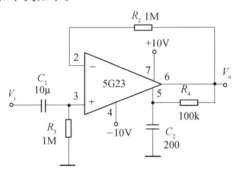

图 1 - 49　同相输出高输入阻抗运放电路

放大电路是电子电路中变化较多和较复杂的电路。在拿到一张放大电路图时,首先要把它逐级分解开,然后一级一级分析弄懂它的原理,最后再全面综合。

读图时要注意:① 在逐级分析时要区分开主要元器件和辅助元器件。放大器中使用的辅助元器件很多,如偏置电路中的温度补偿元件,稳压稳流元器件,防止自激振荡的防振元件、去耦元件,保护电路中的保护元件等;② 在分析中最主要和困难的是反馈的分析,要能找出反馈通路,判断反馈的极性和类型,特别是多级放大器,往往以后级将负反馈加到前级,因此更要细致分析;③ 一般低频放大器常用 RC 耦合方式,高频放大器则常常是和 LC 调谐电路有关的,或是用单调谐或是用双调谐电路,而且电路里使用的电容器容量一般也比较小;④注意晶体管和电源的极性,放大器中常常使用双电源,这是放大电路的特殊性。

1.2.3　A/D、D/A 芯片与 A/D、D/A 转换电路

A/D 转换器及其与单片机接口

1. A/D 转换器的原理及主要技术指标

1) 逐次逼近式 ADC 的转换原理(图 1 - 50)

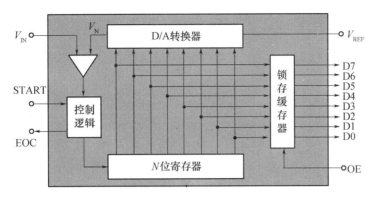

图 1－50　逐次逼近式 ADC 的转换原理图

2）双积分式 ADC 的转换原理(1－51)

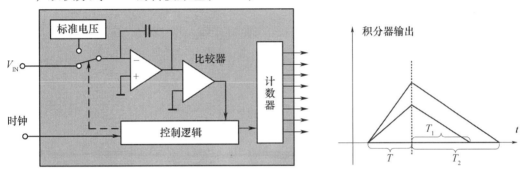

图 1－51　双积分式 ADC 的转换原理图

3）A/D 转换器的主要技术指标

（1）分辨率。

ADC 的分辨率是指使输出数字量变化一个相邻数码所需输入模拟电压的变化量。常用二进制的位数表示。例如 12 位 ADC 的分辨率就是 12 位，或者说分辨率为满刻度 FS 的 $1/2^{12}$。一个 10V 满刻度的 12 位 ADC 能分辨输入电压变化最小值是 $10V \times 1/2^{12} = 2.4mV$。

（2）量化误差。

ADC 把模拟量变为数字量,用数字量近似表示模拟量,这个过程称为量化。量化误差是 ADC 的有限位数对模拟量进行量化而引起的误差。实际上,要准确表示模拟量,ADC 的位数需很大甚至无穷大。一个分辨率有限的 ADC 的阶梯状转换特性曲线与具有无限分辨率的 ADC 转换特性曲线（直线）之间的最大偏差即是量化误差（图 1－52）。

（3）偏移误差。

偏移误差是指输入信号为零时,输出信号不为零的值,所以有时又称为零值误差。假定 ADC 没有非线性误差,则其转换特性曲线各阶梯中点的连线必定是直线,这条直线与横轴相交点所对应的输入电压值就是偏移误差。

（4）满刻度误差。

满刻度误差又称为增益误差。ADC 的满刻度误差是指满刻度输出数码所对应的实际输入电压与理想输入电压之差。

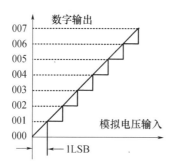 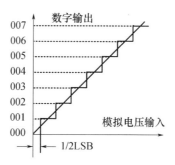

图 1-52 量化过程图

（5）线性度。

线性度有时又称为非线性度，它是指转换器实际的转换特性与理想直线的最大偏差。

（6）绝对精度。

在一个转换器中，任何数码所对应的实际模拟量输入与理论模拟输入之差的最大值，称为绝对精度。对于 ADC 而言，可以在每一个阶梯的水平中点进行测量，它包括了所有的误差。

（7）转换速率。

ADC 的转换速率是能够重复进行数据转换的速度，即每秒转换的次数。而完成一次A/D 转换所需的时间（包括稳定时间），则是转换速率的倒数。

2. D/A 转换器的原理及主要技术指标

1）D/A 转换器的基本原理及分类

T 型电阻网络 D/A 转换器如图 1-53 所示。

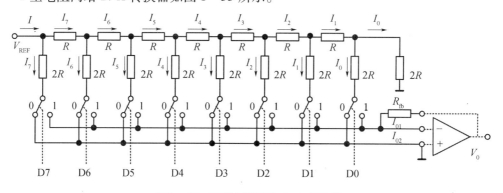

图 1-53 T 型电阻网络 D/A 转换器

2）D/A 转换器的主要性能指标

（1）分辨率。

分辨率是指输入数字量的最低有效位（LSB）发生变化时，所对应的输出模拟量（电压或电流）的变化量。它反映了输出模拟量的最小变化值。

分辨率与输入数字量的位数有确定的关系，可以表示成 FS。FS 表示满量程输入值，n 为二进制位数。对于 5V 的满量程，采用 8 位的 DAC 时，分辨率为 5V/256 = 19.5mV；当采用 12 位的 DAC 时，分辨率则为 5V/4096 = 1.22mV。显然，位数越多分辨率就越高。

（2）线性度。

线性度（也称非线性误差）是实际转换特性曲线与理想直线特性之间的最大偏差。常以相对于满量程的百分数表示。如 ±1% 是指实际输出值与理论值之差在满刻度的 ±1% 以内。

（3）绝对精度和相对精度。

绝对精度（简称精度）是指在整个刻度范围内，任一输入数码所对应的模拟量实际输出值与理论值之间的最大误差。绝对精度是由 DAC 的增益误差（当输入数码为全 1 时，实际输出值与理想输出值之差）、零点误差（数码输入为全 0 时，DAC 的非零输出值）、非线性误差和噪声等引起的。绝对精度（即最大误差）应小于 1 个 LSB。

相对精度与绝对精度表示同一含义，用最大误差相对于满刻度的百分比表示。

（4）建立时间。

建立时间是指输入的数字量发生满刻度变化时，输出模拟信号达到满刻度值的 ±1/2LSB 所需的时间，是描述 D/A 转换速率的一个动态指标。

电流输出型 DAC 的建立时间短。电压输出型 DAC 的建立时间主要决定于运算放大器的响应时间。根据建立时间的长短，可以将 DAC 分成超高速（小于 1μs）、高速（10 ~ 1μs）、中速（100 ~ 10μs）、低速（大于或等于 100μs）几档。

应当注意，精度和分辨率具有一定的联系，但概念不同。DAC 的位数多时，分辨率会提高，对应于影响精度的量化误差会减小。但其他误差（如温度漂移、线性不良等）的影响仍会使 DAC 的精度变差。

3. A/D 转换电路

A/D 转换电路，亦称"模拟数字转换器"，简称"模数转换器"。将模拟量或连续变化的量进行量化（离散化），转换为相应的数字量的电路。A/D 变换包含 3 个部分：抽样、量化和编码。一般情况下，量化和编码是同时完成的。抽样是将模拟信号在时间上离散化的过程；量化是将模拟信号在幅度上离散化的过程；编码是指将每个量化后的样值用一定的二进制代码来表示。

4. D/A 转换电路

DA 转换器的内部电路构成无太大差异，一般按输出是电流还是电压、能否作乘法运算等进行分类。大多数 DA 转换器由电阻阵列和 n 个电流开关（或电压开关）构成。按数字输入值切换开关，产生比例于输入的电流（或电压）。此外，也有为了改善精度而把恒流源放入器件内部的。一般说来，由于电流开关的切换误差小，大多采用电流开关型电路，电流开关型电路如果直接输出生成的电流，则为电流输出型 DA 转换器，电压开关型电路为直接输出电压型 DA 转换器。

1）电压输出型（如 TLC5620）

电压输出型 DA 转换器虽有直接从电阻阵列输出电压的，但一般采用内置输出放大器以低阻抗输出。直接输出电压的器件仅用于高阻抗负载，由于无输出放大器部分的延迟，故常作为高速 DA 转换器使用。

2）电流输出型（如 THS5661A）

电流输出型 DA 转换器很少直接利用电流输出，大多外接电流－电压转换电路得到电压输出，后者有两种方法：一是只在输出引脚上接负载电阻而进行电流－电压转换，二是外接运算放大器。用负载电阻进行电流－电压转换的方法,虽可在电流输出引脚上出现电压,但必须在规定的输出电压范围内使用,而且由于输出阻抗高,所以一般外接运算放大器使用。此外,大部分 CMOS DA 转换器当输出电压不为零时不能正确动作,所以必须外接运算放大器。当外接运算放大器进行电流－电压转换时,则电路构成基本上与内置放大器的电压输出型相同,这时,由于在 DA 转换器的电流建立时间上加入了运算放大器的延迟,使响应变慢。此外,这种电路中运算放大器因输出引脚的内部电容而容易起振,有时必须作相位补偿。

3)乘算型(如 AD7533)

DA 转换器中有使用恒定基准电压的,也有在基准电压输入上加交流信号的,后者由于能得到数字输入和基准电压输入相乘的结果而输出,因而称为乘算型 DA 转换器。乘算型 DA 转换器一般不仅可以进行乘法运算,而且可以作为使输入信号数字化地衰减的衰减器及对输入信号进行调制的调制器使用。

4)一位 DA 转换器

一位 DA 转换器与前述转换方式全然不同,它将数字值转换为脉冲宽度调制或频率调制的输出,然后用数字滤波器作平均化而得到一般的电压输出(又称位流方式),用于音频等场合。另外,按照输入数字信号的方式又分为串行 DA 转换器和并行 DA 转换器。

1.2.4　稳压芯片与稳压电路

在小功率设备中常用的稳压电路有稳压管稳压电路、串联型稳压电路和开关型稳压电路等。其中稳压管稳压电路最简单,但是带负载能力差,一般只提供基准电压,不作为电源使用。开关型稳压电源效率较高,目前用的也比较多,但因学时有限,这里不做介绍。以下主要讨论稳压管稳压电路。

1. 稳压管稳压电路

整流输出电压虽然经过电容滤波减小了波动,可以得到波动较小的输出直流电压,但是,如果输入交流电源电压发生波动,或负载电流发生变动(这种情况经常出现),输出直流电压都可能产生变化。如何保证在输入交流电源电压波动、负载变化时,输出直流电压保持恒定,这就是稳压电路的功能。

稳压电路稳定输出直流电压的基本思想是在输出直流电压时,在电路中设置一个吸收波动成分的元件(调整元件),当市电或负载波动时,调整元件将根据输出直流电压的变动情况,确定调整方向和大小,以保证输出的直流电压不发生变化。

最简单的稳压电路是利用稳压二极管在反向击穿情况下的稳压特性,将负载并联在稳压管两端,只要保证稳压管处于反向击穿稳压状态又不损坏,在负载两端就能够得到稳定的直流电压。

稳压管在稳压中起电流控制作用,使输出电压很小的变化,产生 I_z 很大的变化,并通过串联电阻 R 调压的作用达到稳压的作用。

如果电阻 R 取值太小,则稳压管中的电流将可能太大而损坏器件,所以,该电阻又称为限流电阻。

输出电压的数值直接由稳压管的参数确定(U_z)。构造电路时要根据需要选择稳压管,另外要确定限流电阻的阻值。

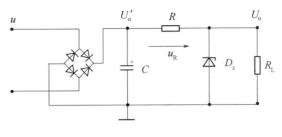

图 1 - 54　稳压电路

2. 串联型稳压电路

串联式稳压电路由基准电压、比较放大、取样电路和调整元件 4 部分组成。

调整元件与负载串联,通过全部负载电流。比较放大器可以是晶体管单管放大电路,差动放大电路,集成运算放大器。调整元件可以是单个功率管,复合管或用几个功率管并联。基准电压可由稳压管稳压电路组成。取样电路取出输出电压 U_o 的一部分和基准电压相比较。

因调整管与负载 R_L 串联,并且调整管始终工作在线性区,故称之为线性串联型稳压电路。

3. 开关型稳压电路

串联型稳压电路的调整管必须工作在线性区,管耗大,电源效率低于 50%。开关型稳压电路的调整管则以 104 ~ 105Hz 的频率反复翻转于饱和区和截止区之间,工作在开关状态,故管耗小,电源效率可提高到 80% ~ 90%。

开关型稳压电路可以得到不同极性、不同数值的多个交、直流输出电压,它体积小、重量轻、对电网电压的波动要求低等,因而得到广泛的应用。但输出脉动大,也是它的缺点之一。

4. 集成稳压电源

随着半导体工艺的发展,现在已生产并广泛应用的单片集成稳压电源,具有体积小、可靠性高、使用灵活、价格低廉等优点。最简单的集成稳压电源只有输入,输出和公共引出端,故称之为三端集成稳压器。

1.2.5　驱动芯片与驱动电路

1. 驱动电路——主电路与控制电路之间的接口

使电力电子器件工作在较理想的开关状态,缩短开关时间,减小开关损耗,对装置的运行效率、可靠性和安全性都有重要的意义。对器件或整个装置的一些保护措施也往往设在驱动电路中,或通过驱动电路实现。

2. 驱动电路的基本任务

将信息电子电路传来的信号按控制目标的要求,转换为加在电力电子器件控制端和公共端之间,可以使其开通或关断的信号。对半控型器件只需提供开通控制信号;对全控型器件则既要提供开通控制信号,又要提供关断控制信号。驱动电路还要提供控制电路与主电路之间的电气隔离环节,一般采用光隔离或磁隔离。光隔离一般采用光耦合器(图 1 - 55);磁隔离的元件通常是脉冲变压器。

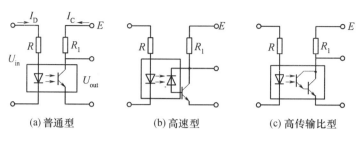

(a)普通型　　　　　　(b)高速型　　　　　　(c)高传输比型

图 1-55　光耦合器的类型及接法

3. 电流驱动型和电压驱动型

具体形式可为分立元件的,但目前的趋势是采用专用集成驱动电路。双列直插式集成电路及将光耦隔离电路也集成在内的混合集成电路。为达到参数最佳配合,首选所用器件生产厂家专门开发的集成驱动电路。

4. 典型全控型器件的驱动电路

1）电流驱动型器件的驱动电路

（1）GTO。

GTO 的开通控制与普通晶闸管相似,但对脉冲前沿的幅值和陡度要求高,且一般需在整个导通期间施加正门极电流。

使 GTO 关断需施加负门极电流,对其幅值和陡度的要求更高,关断后还应在门阴极施加约 5V 的负偏压以提高抗干扰能力,推荐的 GTO 门极电压电流波形如图 1-56 所示。

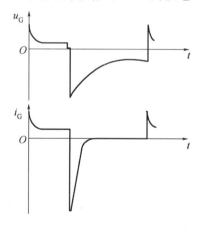

图 1-56　推荐的 GTO 门极电压电流波形

驱动电路通常包括开通驱动电路、关断驱动电路和门极反偏电路 3 部分,可分为脉冲变压器耦合式和直接耦合式两种类型。直接耦合式驱动电路可避免电路内部的相互干扰和寄生振荡,可得到较陡的脉冲前沿,因此目前应用较广,但其功耗大,所以效率较低。

（2）GTR。

开通驱动电流应使 GTR 处于准饱和导通状态,使之不进入放大区和深饱和区。关断GTR 时,施加一定的负基极电流有利于减小关断时间和关断损耗,关断后同样应在基射极之间施加一定幅值(6V 左右)的负偏压。GTR 的一种驱动电路,包括电气隔离和晶体管放大电路两部分理想的 GTR 基极驱动电流波形如图 1-57 所示。

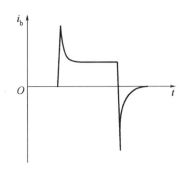

图 1-57 理想的 GTR 基极驱动电流波形

2）电压驱动型器件的驱动电路

栅源间、栅射间有数千皮法的电容,为快速建立驱动电压,要求驱动电路输出电阻小。使 MOSFET 开通的驱动电压一般 10~15V,使 IGBT 开通的驱动电压一般 15~20V。关断时施加一定幅值的负驱动电压(一般取 -5 ~ -15V)有利于减小关断时间和关断损耗。在栅极串入一只低值电阻(数十欧左右)可以减小寄生振荡,该电阻阻值应随被驱动器件电流额定值的增大而减小。

1.3 电源

1.3.1 干电池

干电池属于化学电源中的原电池,是一种一次性电池。因为这种化学电源装置的电解质是一种不能流动的糊状物,所以叫做干电池,这是相对于具有可流动电解质的电池而言的。干电池不仅适用于手电筒、半导体收音机、收录机、照相机、电子钟、玩具等,而且也适用于国防、科研、电信、航海、航空、医学等国民经济中的各个领域。

1. 干电池的工作方法

干电池的产生生电、铁的生锈和衣服的漂白,它们的共同点是什么呢? 从表面上看,他们几乎没有共同的特点。可是这些现象以及许多其他日常变化的过程,正是一种叫氧化还原的化学反应。也许大部分人不相信,干电池的外壳是一个用锌做成的筒,里面装着化学药品,锌筒中央立着一根碳棒,碳棒顶端固定着一个铜帽,干电池内由于发生化学变化,碳棒上聚集了许多正电荷,锌筒表面上聚集了许多负电荷。碳棒和锌筒叫做干电池的电极,聚集正电荷的碳棒叫正极,聚集负电荷的锌筒叫负极。干电池外壳上的符号 + 、-分别表示电池的正极和负极。而正是普通干电池的机构,正是使金属(锌壳)附近发生氧化反应,而在碳棒周围发生了还原反应。碳极周围填满了二氧化镁,锌电极组成了干电池的外壳,碳电极则放在中心。电子是由电子化了的锌金属(氧化作用)所给出,流进外部的电路到达碳电极。靠近碳电极的二氧化镁得到电子(还原作用)生成氢氧离子,并形成了新的化合物叫做氧化镁。氧化反应把电池负极的电子推出去,而还原反应则在正极吸收它们。"电压1.5V"表示电池两极之间的电压是 1.5V。什么是电压? 可以用水流的情况来比喻说明。如果打开开关,在水管中就要形成由水塔向用户流动的水流,这是因为的水塔的水面比用户高,从而在连接两者的水管中产生了水压。抽水机的作用是不断地把水从低处抽到水塔高处,使水塔处的水位总比用户处高,保持两者之间有一定的水压,从而使水不断地流动。当用导线把小灯泡连接到电池的两极之间时,小灯泡亮了,表明电路里有了电流。电路里的自由电荷之所以能发生定向移动形成电流,是因为电源的正极有多余的正电荷,电源的负极有多余的负电荷,从而在电路上产生了电压。电源的作用跟抽水机相似,它不断使正电荷聚集在正极上,负电荷聚集在负极上,保持两极间有一定的电压,使连接导体中不断有电流通过。

2. 干电池的 3 项指标

1)标称电压。通俗讲就是正常工作时的路端电压,严格说是新电池电压值到最低电压值时间的平均电压。新电池或刚充完电的电池电压会略高于额定电压,开始使用后马上就会落到这一值上,此后能在这一值上保持较长的时间。当低于该电压后,电池电压就会较快地下降,直至不能使用。

2)容量。电池的电能量,一般用 mAh 表示,500mAh 则表示此电池以 50mA 的电流放电,能工作 10h。这样的计量较为粗糙,因为不同性质的电池在以不同电流放电时,工作时间是不成线性比例的。故较严格的电池容量是用对多少欧姆电阻能放电多少时间来表示,并且放电方式还有连续、间隙和短时等差别。例如,某品牌碱性电池,对 10Ω 负载,连续放电至 0.9V 的时间不小于 20 小时;对 1.8Ω 负载,每分钟放电 15s,放至 0.9V 的次数不小于 660 次。前者的放电条件相当于较大录音机或普通电动玩具,后者则类似闪光灯充电。越是新颖高品质的电池,容量的线性也越好。

3)存放期和自放电率。一般一次性电池有存放时间,约 2~3 年。这是由于电池在自由放置时的放电效应引起的,充电电池由于自放电率较高,一般直接给出自放电率,每月百分之几。

1.3.2 铅蓄电池

常用的充电电池除了锂电池之外,铅酸电池也是非常重要的一个电池(图 1 – 58)。铅蓄电池的优点是放电时电动势较稳定,缺点是比能量(单位重量所蓄电能)小、对环境腐蚀性强。铅蓄电池的工作电压平稳、使用温度及使用电流范围宽、能充放电数百个循环、贮存性能好(尤其适于干式荷电贮存)、造价较低,因而应用广泛。

图 1 – 58 铅酸蓄电池

铅蓄电池的体积和重量一直无法获得有效的改善,因此目前最常见的还是使用在汽车、摩托车发动之上,其原理图如图 1 - 59 所示。铅酸电池最大的改良,则是新近采用高效率氧气重组技术完成水份再生,藉此达到完全密封不需加水的目的,而制成的"免加水电池"其寿命可长达 4 年(单一极板电压 2V)。

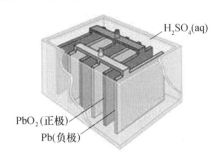

$H_2SO_4(aq)$

PbO_2(正极)

Pb(负极)

图 1 - 59　铅蓄电池原理图

随着蓄电池的放电,正负极板都受到硫化,同时电解液中的硫酸逐渐减少,而水分增多,从而导致电解液的比重下降。在实际使用中,可以通过测定电解液的比重来确定蓄电池的放电程度。在正常使用情况下,铅蓄电池不宜放电过度,否则将使和活性物质混在一起的细小硫酸铅晶体结成较大的体,这不仅增加了极板的电阻,而且在充电时很难使它再还原,直接影响蓄池的容量和寿命。铅蓄电池充电是放电的逆过程。

铅酸蓄电池充、放电化学反应的原理方程式如下。

正极:$PbO_2 + 2e + SO_4^{2-} + 4H^+ == PbSO_4 + 2H_2O$

负极:$Pb - 2e + SO_4^{2-} == PbSO_4$

总反应:$PbO_2 + 2H_2SO_4 + Pb == 2PbSO_4 + 2H_2O$

(铅蓄电池在放电时正负极的质量都增大,原因是,铅蓄电池放电时,正极极板上有 $PbSO_4$ 附着,质量增加;负极极板上也有 $PbSO_4$ 附着,质量也增加。)

安装调试注意事项如下。

(1)使用带有绝缘套的工具如钳子等。使用不绝缘的工具会造成电池短路、发热或燃烧,损害电池。

(2)不要将电池放置在密闭的房间或靠近火源的地方,否则可能会由于电池释放的氢气造成爆炸或起火。

(3)不要用稀释剂、汽油、煤油或合成液去清洁电池。使用上述材料会导致电池外壳破裂泄漏或起火。

(4)当处理 45V 或更高电压的电池时,要采取安全措施带上绝缘橡皮手套,否则可能会遭到电击。

(5)不要将电池放在可能被水淹的地方。如果电池浸在水中,它可能会燃烧或电击伤人。

(6)将电池装在设备上时,应尽量将它装在设备的最下面,以便检查、保养和更换。

(7)不要用能产生静电的材料覆盖电池,静电会引发起火或爆炸。

(8)在电池端子、连接片上使用绝缘盖,以防电击伤人。

(9)电池的安装和维护需要合格的专人进行,不熟练的人进行那样操作可能会造成危险。

使用前注意事项如下。

（1）确保在电池和设备之间与周围进行充分的绝缘措施。不进行充分的绝缘措施可能引起电击、短路发热、冒烟或燃烧。

（2）充电应用充电器，直接连在直流电源可能会引起电池泄漏、发热或燃烧。

（3）由于自放电，电池容量会缓慢减少。在储存长时间后，使用前请重新对电池充电。

优缺点如下。

铅蓄电池的优点是放电时电动势较稳定，缺点是比能量（单位重量所蓄电能）小、十分笨重、对环境腐蚀性强。铅蓄电池的工作电压平稳、使用温度及使用电流范围宽、能充放电数百个循环、贮存性能好（尤其适于干式荷电贮存）、造价较低，因而应用广泛。

1.3.3 锂电池

锂电池是一类由锂金属或锂合金为负极材料、使用非水电解质溶液的电池。最早出现的锂电池来自伟大的发明家爱迪生，使用以下反应：$Li + MnO_2 = LiMnO_2$。该反应为氧化还原反应，放电。由于锂金属的化学特性非常活泼，使得锂金属的加工、保存、使用对环境要求非常高。所以，锂电池长期没有得到应用。现在，锂电池已经成为了主流。

锂电池简介：

1）锂－二氧化锰电池（CR）

以金属锂为负极，以经过热处理的二氧化锰为正极，隔离膜采用 PP 膜或 PE 膜，圆柱型电池与锂离子电池隔膜一样，电解液为高氯酸锂的有机溶液，圆柱式或扣式。电池需要在湿度小于等于 1% 的干燥环境下生产。

特点有：低自放电率，年自放电可小于等于 1% ；全密封（金属焊接，lazer seal），电池可满足 10 年寿命。半密封电池一般是 5 年，如果工作控制不好的话，还达不到这个寿命。在圆柱型锂锰电池开发方面做得比较好的亿纬，目前已实现自动化生产，电池可以做到短路、过放电等测试不爆炸。

2）锂－亚硫酰氯电池

以金属锂为负极，正极和电解液为亚硫酰氯（氯化亚砜），圆柱式电池，装配完成即有电，电压为 3.6V，是工作电压最平稳的电池种类之一，也是目前单位体积（质量）容量最高的电池。适合在不能经常维护的电子仪器设备上使用，提供细微的电流。

其他锂电池还有锂－硫化亚铁电池、锂－二氧化硫电池等。

3）锂离子电池：

锂离子电池目前有液态锂离子电池（LIB）和聚合物锂离子电池（PLB）两类。其中，液态锂离子电池是指 Li^+ 嵌入化合物为正、负极的二次电池。正极采用锂化合物 $LiCoO_2$，负极采用锂－碳层间化合物。锂离子电池由于工作电压高、体积小、质量轻、能量高、无记忆效应、无污染、自放电小、循环寿命长等特点，是 21 世纪发展的理想能源。

锂电池主要优点如下。

（1）能量比较高，具有高储存能量密度，目前已达到 460 ~ 600Wh/kg，是铅酸电池的 6 ~ 7 倍。

（2）使用寿命长,使用寿命可达到 6 年以上,磷酸亚铁锂为正极的电池 1C(100% DOD)充放电,有可以使用 10000 次的记录。

（3）额定电压高(单体工作电压为 3.7V 或 3.2V),约等于 3 只镍镉或镍氢充电电池的串联电压,便于组成电池电源组。

（4）具备高功率承受力,其中电动汽车用的磷酸亚铁锂锂离子电池可以达到 15 ~ 30C 充放电的能力,便于高强度的启动加速。

（5）自放电率很低,这是该电池最突出的优越性之一,目前一般可做到 1%/月以下,不到镍氢电池的 1/20。

（6）质量轻,相同体积下重量约为铅酸产品的 1/5 ~ 1/6。

（7）高低温适应性强,可以在 -20℃~60℃ 的环境下使用,经过工艺上的处理,可以在 -45℃ 环境下使用。

（8）绿色环保,无论生产、使用和报废,都不含有且不产生任何铅、汞、镉等有毒有害重金属元素和物质。

（9）生产基本不消耗水,对缺水的我国来说,十分有利。比能量指的是单位重量或单位体积的能量。比能量用 Wh/kg 或 Wh/L 来表示。Wh 是能量的单位;W 是瓦;h 是小时;kg 是千克(重量单位);L 是升(体积单位)。

锂电池的缺点如下。

（1）锂原电池均存在安全性差,有发生爆炸的危险。

（2）钴酸锂的锂离子电池不能大电流放电,安全性较差。

（3）锂离子电池均需保护线路,防止电池被过充过放电。

（4）生产要求条件高,成本高。

1.4 传感器

1.4.1 温度传感器

温度传感器是利用物质各种物理性质随温度变化的规律把温度转换为电量的传感器。这些呈现规律性变化的物理性质主要有热胀冷缩、升华、融化等。温度传感器是温度测量仪表的核心部分,品种繁多。按测量方式可分为接触式温度传感器和非接触式温度传感器两大类,按照传感器材料及电子元件特性分为热电阻和热电偶两类。

1. 分类:

1）接触式温度传感器

接触式温度传感器的检测部分与被测对象有良好的接触,又称温度计(图 1-60)。

温度计通过传导或对流达到热平衡,从而使温度计的示值能直接表示被测对象的温度,一般测量精度较高。在一定的测温范围内,温度计也可测量物体内部的温度分布。但对于运动体、小目标或热容量很小的对象则会产生较大的测量误差,常用的温度计有双金属温度计、玻璃液体温度计、压力式温度计、电阻温度计、热敏电阻和温差电偶等(图 1-61)。它们广泛应用于工业、农业、商业等部门。在日常生活中人们也常常使用这些温度计。随着低温技术在国防工程、空间技术、冶金、电子、食品、医药和石油化工等部门的广

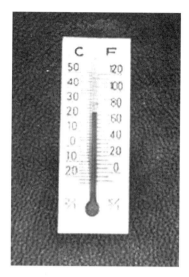

图 1 – 60　温度传感器

泛应用和超导技术的研究,测量 120K 以下温度的低温温度计得到了发展,如低温气体温度计、蒸汽压温度计、声学温度计、顺磁盐温度计、量子温度计、低温热电阻和低温温差电偶等。低温温度计要求感温元件体积小、准确度高、复现性和稳定性好。利用多孔高硅氧玻璃渗碳烧结而成的渗碳玻璃热电阻就是低温温度计的一种感温元件,可用于测量1.6 ~ 300000℃ 范围内的温度。

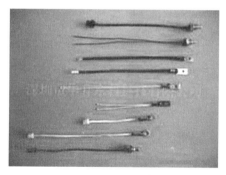

图 1 – 61　各种式样的温度传感器

2）非接触式温度传感器

非接触式温度传感器的敏感元件与被测对象互不接触,又称非接触式测温仪表。这种仪表可用来测量运动物体、小目标和热容量小或温度变化迅速(瞬变)对象的表面温度,也可用于测量温度场的温度分布。

最常用的非接触式测温仪表基于黑体辐射的基本定律,称为辐射测温仪表。辐射测温法包括亮度法(见光学高温计)、辐射法(见辐射高温计)和比色法(见比色温度计)。各类辐射测温的方法只能测出对应的光度温度、辐射温度或比色温度。只有对黑体(吸收全部辐射并不反射光的物体)所测温度才是真实温度。如欲测定物体的真实温度,则必须进行材料表面发射率的修正。而材料表面发射率不仅取决于温度和波长,而且还与表面状态、涂膜和微观组织等有关,因此很难精确测量。在自动化生产中往往需要利用辐射测温法来测量或控制某些物体的表面温度,如冶金中的钢带轧制温度、轧辊温度、锻件温度和各种熔融金属在冶炼炉或坩埚中的温度。在这些具体情况下,物体表面发射率的测量是相当困难的。对于固体表面温度自动测量和控制,可以采用附加的反射镜使与被测表面一起组成黑体空腔。附加辐射的影响能提高被测表面的有效辐射和有效发射系数,利用有效发射系数通过仪表对实测温度进行相应的修正,最终可得到被测表面的真实温度。最为典型的附加反射镜是半球反射镜。球中心附近,被测表面的漫射辐射能受半球镜反射回到表面而形成附加辐射,从而提高有效发射系数。至于气体和液体介质真实温度的辐射测量,则可以用插入耐热材料管至一定深度以形成黑体空腔的方法。通过计算求出与介质达到热平衡后的圆筒空腔的有效发射系数。在自动测量和控制中就可以用此值对所测腔底温度(即介质温度)进行修正而得到介质的真实温度。

非接触测温优点是测量上限不受感温元件耐温程度的限制,因而对最高可测温度原则上没有限制。对于1800℃以上的高温,主要采用非接触测温方法。随着红外技术的发展,辐射测温逐渐由可见光向红外线扩展,700℃以下直至常温都已采用,且分辨率很高。

(1)热电偶。

当有两种不同的导体和半导体 A 和 B 组成一个回路,其两端相互连接时,只要两结点处的温度不同,一端温度为 T,称为工作端或热端;另一端温度为 T_f,称为自由端(也称参考端)或冷端,则回路中就有电流产生,即回路中存在的电动势称为热电动势。这种由于温度不同而产生电动势的现象称为塞贝克效应。与塞贝克有关的效应有两个:其一,当有电流流过两个不同导体的连接处时,此处便吸收或放出热量(取决于电流的方向),称为珀尔帖效应;其二,当有电流流过存在温度梯度的导体时,导体吸收或放出热量(取决于电流相对于温度梯度的方向),称为汤姆逊效应。两种不同导体或半导体的组合称为热电偶。热电偶的热电势 $E_{AB}(T, T_f)$ 是由接触电势和温差电势合成的。接触电势是指两种不同的导体或半导体在接触处产生的电势,此电势与两种导体或半导体的性质及在接触点的温度有关。温差电势是指同一导体或半导体在温度不同的两端产生的电势,此电势只与导体或半导体的性质和两端的温度有关,而与导体的长度、截面大小、沿其长度方向的温度分布无关。无论接触电势还是温差电势都是由于集中于接触处端点的电子数不同而产生的电势,热电偶测量的热电势是二者的合成。当回路断开时,在断开处 A, B 之间便有一电动势差 ΔV,其极性和大小与回路中的热电势一致。并规定在冷端,当电流由 A 流向 B 时,称 A 为正极,B 为负极。实验表明,当 ΔV 很小时,ΔV 与 ΔT 成正比关系。定义 ΔV 对 ΔT 的微分热电势为热电势率,又称塞贝克系数。塞贝克系数的符号和大小取决于组成热电偶的两种导体的热电特性和结点的温度差。

(2)热电阻。

导体的电阻值随温度变化而改变,通过测量其阻值推算出被测物体的温度,利用此原理构成的传感器就是电阻温度传感器,这种传感器主要用于 $-200 \sim 500℃$ 温度范围内的温度测量。纯金属是热电阻的主要制造材料,热电阻的材料应具有以下特性。

① 电阻温度系数要大而且稳定,电阻值与温度之间应具有良好的线性关系。

② 电阻率高、热容量小、反应速度快。

③ 材料的复现性和工艺性好、价格低。

④ 在测温范围内化学物理特性稳定。

⑤ 目前,在工业中应用最广的铂和铜,并已制作成标准测温热电阻。

（3）铂电阻。

铂电阻与温度之间的关系接近于线性,在 $0 \sim 630.74℃$ 范围内可用式 $R_t = R_0(1 + A_t + B_{t_2})$ 表示,在 $-190 \sim 0℃$ 范围内用式 $R_t = R_0(1 + A_t + B_{t_2} + C_{t_3})$ 表示。式中:R_0、R_t 为温度0℃及 $t℃$ 时铂电阻的电阻值,t 为任意温度;A、B、C 为温度系数,由实验确定,$A = 3.9684 \times 10^{-3}/℃$,$B = -5.847 \times 10^{-7}/℃$,$C = -4.22 \times 10^{-12}/℃$。由公式可看出,当 R_0 值不同时,在同样温度下,其 R_t 值也不同。

（4）铜电阻。

在测温精度要求不高,且测温范围比较小的情况下,可采用铜电阻做成热电阻材料代替铂电阻。在 $-50 \sim 150℃$ 的温度范围内,铜电阻与温度成线性关系,其电阻与温度关系的表达式为 $R_t = R_0(1 + A_t)$。式中:$A = 4.25 \times 10^{-3} \sim 4.28 \times 10^{-3}℃$ 为铜电阻的温度系数。

3）红外温度传感器

在自然界中,当物体的温度高于绝对零度时,由于它内部热运动的存在,就会不断地向四周辐射电磁波,其中就包含了波段位于 $0.75 \sim 100\mu m$ 的红外线,红外温度传感器就是利用这一原理制作而成的。

4）模拟温度传感器

传统的模拟温度传感器,如热电偶、热敏电阻和 RTDS 对温度的监控,在一些温度范围内线性不好,需要进行冷端补偿或引线补偿,热惯性大,响应时间慢。集成模拟温度传感器与之相比,具有灵敏度高、线性度好、响应速度快等优点,而且它还将驱动电路、信号处理电路以及必要的逻辑控制电路集成在单片 IC 上,有实际尺寸小、使用方便等优点。常见的模拟温度传感器有 LM3911、LM335、LM45、AD22103 电压输出型、AD590 电流输出型。这里主要介绍该类器件的几个典型。

5）AD590 温度传感器

AD590 是美国模拟器件公司的电流输出型温度传感器,供电电压范围为 $3 \sim 30V$,输出电流 $223\mu A(-50℃) \sim 423\mu A(150℃)$,灵敏度为 $1\mu A/℃$。当在电路中串接采样电阻 R 时,R 两端的电压可作为喻出电压。注意 R 的阻值不能取得太大,以保证 AD590 两端电压不低于 3V。AD590 输出电流信号传输距离可达到 1km 以上。作为一种高阻电流源,最高可达 $20M\Omega$,所以它不必考虑选择开关或 CMOS 多路转换器所引入的附加电阻造成的误差。适用于多点温度测量和远距离温度测量的控制。

6）LM135/235/335 温度传感器

LM135/235/335 系列是美国国家半导体公司(NS)生产的一种高精度易校正的集成温度传感器,工作特性类似于齐纳稳压管。该系列器件灵敏度为 10mV/K,具有小于 1Ω 的动态阻抗,工作电流范围为 $400\mu A \sim 5mA$,精度为 1℃,LM135 的温度范围为 $-55℃ \sim 150℃$,LM235 的温度范围为 $-40℃ \sim 125℃$,LM335 为 $-40℃ \sim 100℃$。封装形式有 TO - 46、TO - 92、SO - 8。该系列器件广泛应用于温度测量、温差测量以及温度补偿系统中。

7）逻辑输出型温度传感器

在许多应用中,我们并不需要严格测量温度值,只关心温度是否超出了一个设定范围,一旦温度超出所规定的范围,则发出报警信号,启动或关闭风扇、空调、加热器或其他控制设备,此时可选用逻辑输出式温度传感器。LM56、MAX6501 - MAX6504、MAX6509/

6510 是其典型代表。

（1）LM56 温度开关。

LM56 温度开关是 NS 公司生产的高精度低压温度开关，内置 1.25V 参考电压输出端。最大只能带 50μA 的负载。电源电压为 2.7～10V，工作电流最大为 230μA，内置传感器的灵敏度为 6.2mV/℃，传感器输出电压为 6.2mV/℃×T＋395mV。

（2）温度监控开关。

MAX6501/02/03/04 是具有逻辑输出和 SOT－23 封装的温度监视器件开关，它的设计非常简单，用户选择一种接近于自己需要的控制的温度门限（由厂方预设为 －45℃～115℃，预设值间隔为 10℃）。直接将其接入电路即可使用，无需任何外部元件。其中 MAX6501/MAX6503 为漏极开路低电平报警输出，MAX6502/MAX6504 为推/拉式高电平报警输出。MAX6501/MAX6503 提供热温度预置门限（35℃～115℃），当温度高于预置门限时报警；MAX6502/MAX6504 提供冷温度预置门限（－45℃～15℃），当温度低于预置门限时报警。对于需要一个简单的温度超限报警而又空间有限的应用如笔记本电脑、蜂窝移动电话等应用来说是非常理想的，该器件的典型温度误差是 ±0.5℃，最大是 ±4℃，滞回温度可通过引脚选择为 2℃或 10℃，以避免温度接近门限值时输出不稳定。这类器件的工作电压范围为 2.7～5.5V，典型工作电流 30μA。

8）占空比输出式数字温度传感器

SMT16030 在 20 世纪 80 年代末期由荷兰代尔夫特理工大学的实验室首先开发研制成功，并由新成立的荷兰 Smartec 公司对其进行市场化。它采用硅工艺生产的数字式温度传感器，其采用 PTAT 结构，这种半导体结构具有精确的、与温度相关的良好输出特性。PTAT 的输出通过占空比比较器调制成数字信号，占空比与温度的关系为：DC＝0.32＋0.0047t，t 为摄氏温度。输出数字信号与微处理器 MCU 兼容，通过处理器的高频采样可算出输出电压方波信号的占空比，即可得到温度。该款温度传感器因其特殊工艺，分辨率优于 0.005K。测量温度范围为 －45～130℃，故广泛被用于高精度场合。

9）MAX6575/76/77 数字温度传感器

如果采用数字式接口的温度传感器，上述设计问题将得到简化。同样，当 A/D 和微处理器的 I/O 管脚短缺时，采用时间或频率输出的温度传感器也能解决上述测量问题。以 MAX6575/76/77 系列 SOT－23 封装的温度传感器为例，这类器件可通过单线和微处理器进行温度数据的传送，提供 3 种灵活的输出方式——频率、周期或定时，并具备 ±0.8℃的典型精度，一条线最多允许挂接 8 个传感器，150μA 典型电源电流和 2.7～5.5V 的宽电源电压范围及 －45℃～125℃的温度范围。它输出的方波信号具有正比于绝对温度的周期，采用 6 脚 SOT－23 封装，仅占很小的板面。该器件通过一条 I/O 与微处理器相连，利用微处理器内部的计数器测出周期后就可计算出温度。

2. 发展趋势

现代信息技术的 3 大基础是信息采集（即传感器技术）、信息传输（通信技术）和信息处理（计算机技术）。传感器属于信息技术的前沿尖端产品，尤其是温度传感器被广泛用于工农业生产、科学研究和生活等领域，数量高居各种传感器之首。温度传感器的发展大致经历了以下 3 个阶段：①传统的分立式温度传感器（含敏感元件）；②模拟集成温度传感器/控制器；③智能温度传感器。国际上新型温度传感器正从模拟式向数字式、由集成化向智能化、网络化的方向发展。在20世纪90年代中期最早推出的智能温度传感器,采用的是8位A/D转换器,其测温精度较低,分辨力只能达到1℃。国外已相继推出多种高精度、高分辨力的智能温度传感器,所用的是9～12位A/D转换器,分辨力一般可达0.5～0.0625℃。由美国DALLAS半导体公司新研制的DS1624型高分辨力智能温度传感器,能输出13位二进制数据,其分辨力高达0.03125℃,测温精度为±0.2℃。为了提高多通道智能温度传感器的转换速率,也有的芯片采用高速逐次逼近式A/D转换器。以AD7817型5通道智能温度传感器为例,它对本地传感器、每一路远程传感器的转换时间分别仅为27us、9us。进入21世纪后,智能温度传感器正朝着高精度、多功能、总线标准化、高可靠性及安全性、开发虚拟传感器和网络传感器、研制单片测温系统等高科技的方向迅速发展。目前,智能温度传感器的总线技术也实现了标准化、规范化,所采用的总线主要有单线(1-Wire)总线、I2C总线、SMBus总线和spI总线。温度传感器作为从机可通过专用总线接口与主机进行通信。

1.4.2　红外传感器

红外技术发展到现在,已经为大家所熟知,这种技术已经在现代科技、国防和工农业等领域得到了广泛的应用。红外传感系统是用红外线为介质的测量系统,按照功能能够分成5类:①辐射计,用于辐射和光谱测量;②搜索和跟踪系统,用于搜索和跟踪红外目标,确定其空间位置并对它的运动进行跟踪;③热成像系统,可产生整个目标红外辐射的分布图像;④红外测距和通信系统;⑤混合系统,是指以上各类系统中的两个或者多个的组合。红外传感器根据探测机理可分成为:光子探测器(基于光电效应)和热探测器(基于热效应)。

1. 红外传感器工作原理

1)待测目标

根据待侧目标的红外辐射特性可进行红外系统的设定。

2)大气衰减

待测目标的红外辐射通过地球大气层时,由于气体分子和各种气体以及各种溶胶粒的散射和吸收,将使得红外源发出的红外辐射发生衰减。

3)光学接收器

它接收目标的部分红外辐射并传输给红外传感器。相当于雷达天线,常用的是物镜。

4)辐射调制器

对来自待测目标的辐射调制成交变的辐射光,提供目标方位信息,并可滤除大面积的干扰信号。辐射调制器又称调制盘和斩波器,它具有多种结构。

5)红外探测器

这是红外系统的核心。它是利用红外辐射与物质相互作用所呈现出来的物理效应探测红外辐射的传感器,多数情况下是利用这种相互作用所呈现出的电学效应。此类探测器可分为光子探测器和热敏感探测器两大类型。

6)探测器制冷器

由于某些探测器必须要在低温下工作,所以相应的系统必须有制冷设备。经过制冷,设备可以缩短响应时间,提高探测灵敏度。

7）信号处理系统

将探测的信号进行放大、滤波,并从这些信号中提取出信息。然后将此类信息转化成为所需要的格式,最后输送到控制设备或者显示器中。

8）显示设备

这是红外设备的终端设备。常用的显示器有示波器、显像管、红外感光材料、指示仪器和记录仪等。

依照上面的流程,红外系统就可以完成相应的物理量的测量。红外系统的核心是红外探测器,按照探测的机理的不同,可以分为热探测器和光子探测器两大类。下面以热探测器为例子来分析探测器的原理。

热探测器是利用辐射热效应,使探测元件接收到辐射能后引起温度升高,进而使探测器中依赖于温度的性能发生变化。检测其中某一性能的变化,便可探测出辐射。多数情况下是通过热电变化来探测辐射的。当元件接收辐射,引起非电量的物理变化时,可以通过适当的变换后测量相应的电量变化。红外传感器已经在现代化的生产实践中发挥着它的巨大作用,随着探测设备和其他部分的技术的提高,红外传感器能够拥有更多的性能和更好的灵敏度。

1.4.3 超声波传感器

1. 概述

超声波传感器以超声波作为检测手段,必须产生超声波和接收超声波。完成这种功能的装置就是超声波传感器,习惯上称为超声换能器,或者超声探头。

超声波探头主要由压电晶片组成,既可以发射超声波,也可以接收超声波,小功率超声探头多作探测作用。它有许多不同的结构,可分为直探头(纵波)、斜探头(横波)、表面波探头(表面波)、兰姆波探头(兰姆波)、双探头(一个探头反射、一个探头接收)等。

超声探头的核心是其塑料外套或者金属外套中的一块压电晶片。构成晶片的材料可以有许多种,晶片的大小、如直径和厚度也各不相同,因此每个探头的性能是不同的,使用前必须预先了解它的性能。

2. 性能指标

（1）工作频率。工作频率就是压电晶片的共振频率。当加到它两端的交流电压的频率和晶片的共振频率相等时,输出的能量最大,灵敏度也最高。

（2）工作温度。由于压电材料的居里点一般比较高,特别是诊断用超声波探头使用功率较小,所以工作温度比较低,可以长时间地工作而且不失效。医疗用的超声探头的温度比较高,需要单独的制冷设备。

（3）灵敏度。主要取决于制造晶片本身。机电耦合系数大,灵敏度高;反之,灵敏度低。

3. 工作原理

人们能听到声音是由于物体振动产生的,它的频率在 20Hz ~ 20kHz 范围内,超过 20kHz 称为超声波,低于 20Hz 的称为次声波。常用的超声波频率为几十千赫至几十兆赫。

超声波是一种在弹性介质中的机械振荡,有两种形式:横向振荡(横波)及纵向振荡(纵波)。在工业中应用主要采用纵向振荡。超声波可以在气体、液体及固体中传播,其传播速度不同。另外,它也有折射和反射现象,并且在传播过程中有衰减。在空气中传播超声波,其频率较低,一般为几十千赫,而在固体、液体中则频率可用的较高。在空气中衰减较快,而在液体及固体中传播,衰减较小,传播较远。利用超声波的特性,可做成各种超声传感器,配上不同的电路,制成各种超声测量仪器及装置,并在通信、医疗家电等各方面得到广泛应用。

超声波传感器主要材料有压电晶体(电致伸缩)及镍铁铝合金(磁致伸缩)两类。电致伸缩的材料有锆钛酸铅(PZT)等。压电晶体组成的超声波传感器是一种可逆传感器,它可以将电能转变成机械振荡而产生超声波,同时它接收到超声波时,也能转变成电能,所以它可以分成发送器或接收器。有的超声波传感器既作发送,也能作接收。这里仅介绍小型超声波传感器,发送与接收略有差别,它适用于在空气中传播,工作频率一般为 23 ~ 25kHz 及 40 ~ 45kHz。这类传感器适用于测距、遥控、防盗等用途。该种有 T/R - 40 - 60、T/R - 40 - 12 等(其中 T 表示发送,R 表示接收,40 表示频率为 40kHz,16 及 12 表示其外径尺寸,以毫米计)。另有一种密封式超声波传感器(MA40EI 型)。它的特点是具有防水作用(但不能放入水中),可以作为料位及接近开关用,它的性能较好。超声波应用有 3 种基本类型:透射型用于遥控器、防盗报警器、自动门、接近开关等;分离式反射型用于测距、液位或料位;反射型用于材料探伤、测厚等。

4. 工作程式

若对发送传感器内谐振频率为 40kHz 的压电陶瓷片(双晶振子)施加 40kHz 高频电压,则压电陶瓷片就根据所加高频电压极性伸长与缩短,发送 40kHz 频率的超声波,其超声波以疏密形式传播(疏密程度可由控制电路调制),并传给波接收器。接收器是利用压力传感器所采用的压电效应的原理,即在压电元件上施加压力,使压电元件发生应变,则产生一面为" + "极,另一面为" - "极的 40kHz 正弦电压。因该高频电压幅值较小,故必须进行放大。

超声波传感器使得驾驶员可以安全地倒车,其原理是利用探测倒车路径上或附近存在的任何障碍物,并及时发出警告。所设计的检测系统可以同时提供声光并茂的听觉和视觉警告,其警告表示是探测到了在盲区内障碍物的距离和方向。这样,在狭窄的地方不管是泊车还是开车,借助倒车障碍报警检测系统,驾驶员心理压力就会减少,并可以游刃有余地采取必要的动作。

5. 系统构成

由发送传感器(或称波发送器)、接收传感器(或称波接收器)、控制部分与电源部分组成。发送器传感器由发送器与使用直径为 15mm 左右的陶瓷振子换能器组成,换能器作用是将陶瓷振子的电振动能量转换成超能量并向空中辐射;而接收传感器由陶瓷振子换能器与放大电路组成,换能器接收波产生机械振动,将其变换成电能量,作为传感器接收器的输出,从而对发送的超声波进行检测。而实际使用中,用发送传感器的陶瓷振子的也可以用做接收器传感器的陶瓷振子。控制部分主要对发送器发出的脉冲链频率、占空比及稀疏调制和计数及探测距离等进行控制。超声波传感器电源(或称信号源)可用 DC12V ±10% 或 24V ±10%。

6. 工作模式

超声波传感器利用声波介质对被检测物进行非接触式无磨损的检测。超声波传感器对透明或有色物体,金属或非金属物体,固体、液体、粉状物质均能检测。其检测性能几乎不受任何环境条件的影响,包括烟尘环境和雨天。

1) 检测模式

超声波传感器主要采用直接反射式的检测模式。位于传感器前面的被检测物通过将发射的声波部分地发射回传感器的接收器,从而使传感器检测到被测物。

还有部分超声波传感器采用对射式的检测模式。一套对射式超声波传感器包括一个发射器和一个接收器,两者之间持续保持"收听"。位于接收器和发射器之间的被检测物将会阻断接收器接收发射的声波,从而传感器将产生开关信号。

2) 检测范围和声波发射角

超声波传感器的检测范围取决于其使用的波长和频率。波长越长,频率越小,检测距离越大,如具有毫米级波长的紧凑型传感器的检测范围为 300 ~ 500mm,波长大于 5mm 的传感器检测范围可达 8m。一些传感器具有较窄的 6°声波发射角,因而更适合精确检测相对较小的物体。另一些声波发射角在 12°~ 15°的传感器能够检测具有较大倾角的物体。此外,我们还有外置探头型的超声波传感器,相应的电子线路位于常规传感器外壳内。这种结构更适合检测安装空间有限的场合。

3) 传感器调节

几乎所有的超声波传感器都能对开关输出的近点和远点或是测量范围进行调节。在设定范围外的物体可以被检测到,但是不会触发输出状态的改变。一些传感器具有不同的调节参数,如传感器的响应时间、回波损失性能,以及传感器与泵设备连接使用时对工作方向的设定调节等。

4) 重复精度

波长等因素会影响超声波传感器的精度,其中最主要的影响因素是随温度变化的声波速度,因此,许多超声波传感器具有温度补偿的特性。该特性能使模拟量输出型的超声波传感器在一个宽温度范围内获得高达 0.6mm 的重复精度。

5) 输出功能

所有系列的超声波传感器都有开关量输出型产品。一些产品还有 2 路开关量输出(如最小和最大液位控制)。大多数产品系列都能提供具有模拟量电流或是模拟电压输出的产品。

6) 噪声抑制

金属敲击声、轰鸣声等噪声不会影响超声波传感器的参数赋值,这主要是由于频率范围的优选和已获专利的噪声抑制电路。

7) 同步功能

超声波传感器的同步功能可防干扰。他们通过将各自的同步线进行简单的连接来实现同步功能。它们同时发射声波脉冲,像单个传感器一样工作,同时具有扩展的检测角度。

8) 传感器交替性工作(多通道)

以交替方式工作的超声波传感器彼此间是相互独立的,不会相互影响。以交替方式工作的传感器越多,响应的开关频率越低。

9)检测条件

超声波传感器特别适合在"空气"这种介质中工作。这种传感器也能在其他气体介质中工作,但需要进行灵敏度的调节。

10)盲区

直接反射式超声波传感器不能可靠地检测位于超声波换能器前段的部分物体。由此,超声波换能器与检测范围起点之间的区域被称为盲区。传感器在这个区域内必须保持不被阻挡。

11)空气温度与湿度

空气温度与湿度会影响声波的行程时间。空气温度每上升20℃,检测距离至多增加3.5%。在相对干燥的空气条件下,湿度的增加将导致声速最多增加2%。

12)空气压力

常规情况下大气变化±5%(选一固定参考点)将导致检测范围变化±0.6%。大多数情况下,传感器在0.5MPa压力下使用没有问题。

13)气流

气流的变化将会影响声速。然而由最高至10m/s的气流速度造成的影响是微不足道的。在产生空气涡流比较普遍的条件下,例如对于灼热的金属而言,建议不要采用超声波传感器进行检测,因为对失真变形的声波的回声进行计算是非常困难的。

14)标准检测物

采用正方形声反射板用于额定开关距离 s_n 的标定。

1mm 的厚度。

垂直性:与声束轴线垂直。

15)防护等级

外壳可防固体颗粒和防水。

IP65:完全防尘;防水柱的侵入。

IP67:完全防尘;在恒温下浸入水下1m深处并放置30min,能够有效防护。

IP69K:基于 EN60529 的符合 DIN40050 - 9。

16)泵功能

可施行双位置控制,例如一个液位控制系统的泵入泵出功能。当一个被测物远离传感器到达检测范围的远点时,输出动作。当被测物靠近传感器到达检测范围设定的近点时,输出相反的动作。

7. 技术应用

超声波传感技术应用在生产实践的不同方面,而医学应用是其最主要的应用之一,以医学为例说明超声波传感技术的应用。超声波在医学上的应用主要是诊断疾病,它已经成为了临床医学中不可缺少的诊断方法。超声波诊断的优点是:对受检者无痛苦、无损害、方法简便、显像清晰、诊断的准确率高等,因而推广容易,受到医务工作者和患者的欢迎。超声波诊断可以基于不同的医学原理,其中有代表性的一种所谓的 A 型方法。这个方法是利用超声波的反射。当超声波在人体组织中传播遇到两层声阻抗不同的介质界面是,在该界面就产生反射回声。每遇到一个反射面时,回声在示波器的屏幕上显示出来,而两个界面的阻抗差值也决定了回声的振幅的高低。

在工业方面,超声波的典型应用是对金属的无损探伤和超声波测厚两种。过去,许多技术因为无法探测到物体组织内部而受到阻碍,超声波传感技术的出现改变了这种状况。当然更多的超声波传感器是固定地安装在不同的装置上,"悄无声息"地探测人们所需要的信号。在未来的应用中,超声波将与信息技术、新材料技术结合起来,将出现更多的智能化、高灵敏度的超声波传感器。

遥控开关超声波遥控开关可控制家用电器及照明灯。采用小型超声波传感器($\phi12 \sim \phi16$),工作频率在40kHz,遥控距离约10m遥控器的发送,这是由555时基电路组成的振荡器,调整$10k\Omega$电位器,使振荡频率为40kHz,传感器接在③脚,接下按钮时,发送出超声波,接收电路。电源由220V经电容降压、整流、滤波、稳压后获得12V工作电压。由于是非隔离电源,要整个电路用塑料外壳封装,以防触电(在调试时也应注意)。信号由超声波接收器接收,经Q1、Q2放大(L、C谐振槽路调谐在40kHz)。放大后的信号去触发由Q3、Q4组成的双稳态电路,Q5及LED作为触发隔离,并可发光显示。由于双稳态在开机时有随机性,故加一清零按钮。Q5输出的触发信号使双向可控硅导通、负载接通。要负载断路,则要按一次发送钮。

液位指示及控制器由于超声波在空气中有一定的衰减,则发送到液面及从液面反射回来的信号大小与液位有关,液面位置越高,信号越大;液面越低,则信号就小。接收到的信号经BG1、BG2放大,经D1、D2整流成直流电压。当$4.7k\Omega$上的电压超过BG3的导通电压时,有电流流过BG3,电流表有指示,电流大小与液面有关。当液位低于设置值时,比较器输出为低电平。BG不导通,若液位升到规定位置,比较器翻转,输出高电平。BG导通,J吸合,可通过电磁阀将输液开关关闭,以达到控制的目的(高位控制)。

8. 注意事项

(1)为确保可靠性及传感器较长时间的使用寿命,请勿在户外或高于额定温度的地方使用传感器。

(2)由于超声波传感器以空气作为传输介质,因此局部温度不同时,分界处的反射和折射可能会导致误动作,风吹时检出距离也会发生变化。因此,不应在强制通风机之类的设备旁使用传感器。

(3)喷气嘴喷出的喷气有多种频率,因此会影响传感器且不应在传感器附近使用。

(4)传感器表面的水滴缩短了检出距离。

(5)细粉末和棉纱之类的材料在吸收声音时无法被检出(反射型传感器)。

(6)不能在真空区或防爆区使用传感器。

(7)请勿在有蒸汽的区域使用传感器,此区域的大气不均匀。将会产生温度梯度,从而导致测量错误。

1.4.4 光电传感器

光电传感器是以光电器件作为转换元件的传感器(图1-62)。光电传感器的工作原理是:首先将被测量的变化转换成光信号的变化,然后通过光电器件转换成电信号。图为光电传感器原理图。光电传感器一般由辐射源、光学通路和光电器件3部分组成。被测量物体通过对辐射源或光学通路的影响,将被测信息调制到光波上,通常改变光波的强度、相位、空间分布和频谱分布等,光电器件将光信号转换为电信号。电信号经后续电路的解调分离出被测信息,从而实现对被测量物体的测量。

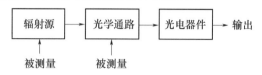

图 1 - 62　光电传感器原理图

光电传感器具有许多特点,主要特点如下。

1)非接触测量

近代检测技术要求向非接触式测量方向发展,这可以在不改变被测物质的条件下检测。而光电传感器的最大特点就是非接触测量,光束通过被测物体时,在绝大多数情况下不会改变其性质,这也是光电传感器受到普遍重视的原因之一。

2)测量精度高

由于光电传感器采用光作为信息载体,所以一些光电传感器的测量精度可以达到与光波波长相同的量级,即零点几微米。

3)信息处理能力强

近代检测技术要求获得尽可能多的信息,二光电传感器可以提供被测对象信息含量最多的信息,而且,光是传播速度最快的介质,所以信息处理速度很快。光电传感器还具有电的传输、运算及控制方便等特点,尤其适用于与计算机直接联机,构成自动化、数字化检测系统,并向智能化方向发展。

光电传感器可用于检测直接引起光强变化的非电量,如光强、辐射测温、气体成分分析等,也可以用来检测能转换成光参量变化的许多几何量和机械量,如位移、应变、振动、速度、加速度、零件直径、表面粗糙度以及物体的形状和位置、工作状态的识别等。特别是随着激光、光纤、CCD 等技术的发展,光电传感器也得到了飞速发展,而且广泛应用于物理、化学、生物和工程技术等各个领域。

1. 光电传感器的分类

1)按检测方式分类

(1)对射型。

为了使投光器发出的光能进入受光器,对向设置投光器与受光器(图 1 - 63)。

如果检测物体进入投光器和受光器之间遮蔽了光线,进入受光器的光量将减少。掌握这种减少后便可进行检测。

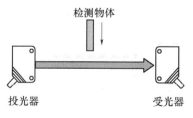

图 1 - 63　对射型光电传感器

此外,检测方式与对射型相同,在传感器形状方面,也有投光受光部一体化,称为槽形(图1-64)。

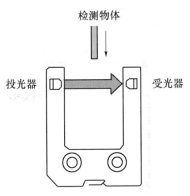

图1-64 槽型光电传感器

特长如下。

动作的稳定度高,检测距离长。(几厘米至几十米)

即使检测物体的通过线路变化,检测位置也不变。

检测物体的光泽、颜色、倾斜等的影响很少。

(2)扩散反射型。

在投受光器一体型中,通常光线不会返回受光部。如果投光部发出的光线碰到检测物体,检测物体反射的光线将进入受光部,受光量将增加。掌握这种增加后,便可进行检测(图1-65)。

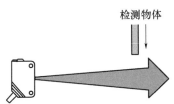

图1-65 扩散反射型光电传感器工作原理

特长如下。

检测距离为几厘米至几米。

便于安装调整。

在检测物体的表面状态(颜色、凹凸)中光的反射光量会变化,检测稳定性也变化。

(3)回归反射型。

在投受光器一体型中,通常投光部发出的光线将反射到相对设置的反射板上,回到受光部。如果检测物体遮蔽光线,进入受光部的光量将减少。掌握这种减少后,便可进行检测(图1-66)。

特长如下。

检测距离为几厘米至几米。

布线、光轴调整方便(可节省工时)。

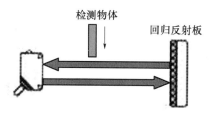

图1-66　回归反射型光电传感器工作原理

检测物体的颜色、倾斜等的影响很少。

光线通过检测物体2次,所以适合透明体的检测。

检测物体的表面为镜面体的情况下,根据表面反射光的受光不同,有时会与无检测物体的状态相同,无法检测。这种影响可通过 MSR 功能来防止。

(4)距离设定型。

作为传感器的受光元件,使用2比例光电二极管或位置检测元件。通过检测物体反射的投光光束将在受光元件上成像。这一成像位置以根据检测物体距离不同而差异的三角测距原理为检测原理。图1-67所示的是使用2比例光电二极管的检测方式。2比例光电二极管的一端(接近外壳的一侧)称为 N(Near)侧,而另一端称为 F(Far)侧。检测物体存在于已设定距离的位置上的情况下,反射光将在 N 侧和 F 侧的中间点成像,两侧的二极管将受到同等的光量。此外,相对于设定距离,检测物体存在于靠近传感器的位置的情况下,反射光将在 N 侧成像。相反的,相对于设定距离,检测物体存在于较远的位置的情况下,反射光将在 F 侧成像。传感器可通过计算 N 侧与 F 侧的受光量差来判断检测物体的位置。

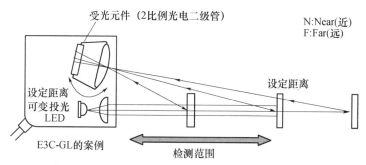

图1-67　距离设定型光电传感器工作原理

距离设定型的特长如下。

受检测物体的表面状态颜色的影响少。不易受背景物体的影响。BGS(Background Suppression)和 FGS(Foreground Suppression) 在 E3Z-LS61/-66/-81/-86 中,检测传输带上物体的情况下,可选择 BGS 和 FGS 两种功能中的任何一个。BGS 是不会对比设定距离更远的背景(传输带)进行检测的功能。FG 是不会对比设定距离更近的物体,以及回到受光器的光量少于规定的物体进行检测的功能,反言之,是只对传输带进行检测的功能。回到受光器光量少的物体是指:①检测物体的反射率极低,比黑画纸更黑的物体;②反射光几乎都回到投光侧,如镜子等物体;③反射光量大,但向随机方向发散,有凹凸的光泽面等物体。

注:情况③下,根据检测物体的移动,有时反射光会暂时回到受光侧,所以有时需要通过 OFF 延迟定时器来防止高速颤动。

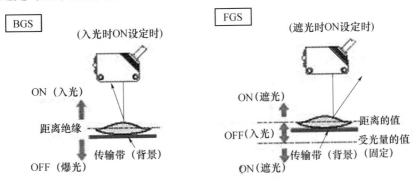

图 1 - 68　BGS 和 GFS 功能原理图

特长如下。

可对微小的段差进行检测(BGS、FGS)。

不易受检测物体的颜色影响(BGS、FGS)。

不易受背景物体的影响(BGS)。

有时会受检测物体的斑点影响(BGS、FGS)。

(5)限定反射型。

与扩散反射型相同,接受从检测物体发出的反射光进行检测。设置为在投光器和受光器上仅入射正反射光,仅对离开传感器一定距离(投光光束与受光区域重叠的范围)的检测物体进行检测。如图 1 - 69 所示,可在(A)位置检测物体,但在(B)位置无法检测。

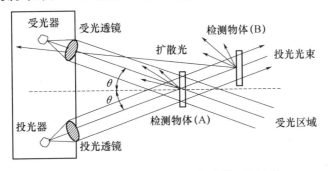

图 1 - 69　限定反射型光电传感器工作原理

特长如下。

可检测微妙的段差,限定与传感器的距离,只在该范围内有检测物体时进行检测。

不易受检测物体的颜色的影响。

不易受检测物体的光泽、倾斜度的影响。

2)按检测方式选择点分类(图 1 - 70)

对射型/回归反射型的确认事项如下。

(1)检测物体。

大小、形状(纵×横×高)。

透明度(不透明体|半透明体|透明体)。

移动速度 V(m/s 或个/分)。

(2)传感器。

① 检测距离(L)。

② 形状大小的限制。

传感器。

回归反射板(回归反射型的情况下)。

③ 有无多个紧密安装。

台数。

安装间距。

是否可以交错安装。

④ 安装的限制(是否需要角度等)。

(3)环境。

环境温度。

有无水、油、药品等飞散。

其他。

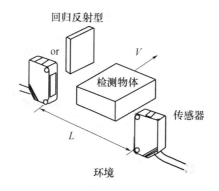

图 1-70 对射型确认事项

(1)检测物体。扩散反射型、距离设定型、限定反射型的确认事项如下。

大小、形状(纵×横×高)。

颜色。

材料(铁、SUS、木、纸等)。

表面状态(粗糙、有光泽)。

移动速度 V(m/s 或个/分)。

(2)传感器。

① 检测距离(与工件之间的距离)(L)。

② 形状、大小的限制。

③ 有无多个紧密安装。

台数。

安装间距。

④ 安装的限制(是否需要角度等)。

（3）背景。

颜色。

材料(铁、SUS、木、纸等)。

表面状态(粗糙、有光泽等)。

（4）环境。

环境温度。

有无水、油、药品等飞散。

其他。

3）按构成分类

光电传感器通常由投光部、受光部、增幅部、控制部、电源部构成,按其构成状态可分为以下几类。

（1）放大器分离型。

仅投光部和受光部分离,分别作为投光部和受光部(对射型)、或一体的投受光器(反射型)。其他的增幅部、控制部采用一体的放大器单元型。

特长如下。

投受光器仅由投光元件、受光元件及光学系统构成,所以可以采用小型。

即使在狭小的场所设置投、受光器,也可在较远的场所调整灵敏度。

投受光部与放大器单元间的信号线很容易受干扰。

代表机型(放大器单元):E3C - LDA、E3C。

（2）放大器内置型。

除电源部以外为一体。(对射型分为包括投光部的投光器和包括受光部、增幅部、控制部的受光器两种)。电源部单独采用电源单元等形状。

特长如下。

由于受光部、增幅部、控制部为一体,所以不需要围绕微小信号的信号线,不易受干扰的影响。

与放大器分离型相比,布线工时更少。

一般比放大器分离型大,但与没有灵敏度调整的类型相比,绝不逊色。

代表机型:E3Z、E3T、E3S - C。

（3）电源内置型。

连电源部也包含在投光器、受光器中的一体化产品。

特长如下。

可直接连接到商用电源上,此外还能从受光器直接进行容量较大的控制输出。

投光器、受光器中还包括了电源变压器等,所以与其他形态相比很大。

代表机型:E3G、E3JK、E3JM。

（4）光纤型。

是在投光部、受光部上连接光纤的产品。由光纤单元和放大器单元构成,但本公司没有电源内置的放大器单元系列产品。

特长如下。

根据光纤探头(前端部分)的组合不同,可构成对射型或反射型。

适合于检测微小物体。

光纤单元不受干扰的影响。

代表机型(放大器单元):E3X – DA – S、E3X – MDA、E3X – NA。

1.5　电机

1.5.1　主流减速电机

减速电机是指减速机和电机(马达)的集成体。这种集成体通常也可称为齿轮马达或齿轮电机。通常由专业的减速机生产厂进行集成组装好后成套供货。减速电机广泛应用于钢铁行业、机械行业等。使用减速电机的优点是简化设计、节省空间。

1. 概述

(1)减速电机结合国际技术要求制造,具有很高的科技含量。

(2)节省空间,可靠耐用,承受过载能力高,功率可达95kW以上。

(3)能耗低,性能优越,减速机效率高达95%以上。

(4)振动小,噪音低,节能高,选用优质段钢材料,钢性铸铁箱体,齿轮表面经过高频热处理。

(5)经过精密加工,确保定位精度,这一切构成了齿轮传动总成的齿轮减速电机配置了各类电机,形成了机电一体化,完全保证了产品使用质量特征。

(6)产品采用了系列化、模块化的设计思想,有广泛的适应性,本系列产品有极其多的电机组合、安装位置和结构方案,可按实际需要选择任意转速和各种结构形式。

2. 分类

(1)大功率齿轮减速电机。

(2)同轴式斜齿轮减速电机。

(3)平行轴斜齿轮减速电机。

(4)螺旋锥齿轮减速电机。

(5)YCJ系列齿轮减速电机。

(6)直流减速电机。

3. 应用

减速电机广泛应用于冶金、矿山、起重、运输、水泥、建筑、化工、纺织、印染、制药、医疗、美容、保健按摩、办公用品等各种通用机械设备的减速传动机。

1.5.2　步进电机

步进电机属于断续运转的同步电动机。它将输入的脉冲电信号变换为阶跃的角位移或线位移,也就是给一个脉冲信号,电动机就转一个角度或前进一步,因此这种电动机叫做步进电机。因为它输入的既不是正弦交流,也不是恒定直流,而是脉冲电流,所以又叫脉冲电动机。它是数字控制系统中一种重要的执行元件,主要用于开环系统,也可用于闭环系统。

由于脉冲电源每给出一个脉冲电信号,步进电机就转一个角度或前进一步,因而其轴上的转角或线位移与脉冲数成正比,或者说它的转速或线速度与脉冲频率成正比。通过改变脉冲频率的高低就可以在很大范围内调节电动机的转速,并能快速起动、制动和反转。步进电机的步距角变动范围较大,在小步距角的情况下,可以低速平稳运行。在负载能力范围内,电动机的步距角和转速大小不受电压波动和负载变化的影响,也不受环境条件如温度、气压、冲击和振动等影响,只与脉冲频率有关。它每转一周都有固定的步数,在不丢步的情况下运行,其步距误差不会长期积累,因此这类电动机特别适合在开环系统中使用,使整个系统结构简单、运行可靠。当采用了速度和位置检测装置后,它也可以用于闭环系统中。目前步进电机广泛用于计算机外围设备、机床的程序控制及其他数字控制系统,如软盘驱动器、绘图机、打印机、自动记录仪表、数模交换装置和钟表工业等装置或系统中。

步进电机的主要缺点是效率较低,并需要专门的脉冲驱动电源供电。运行时,带负载转动惯量的能力不强。此外,共振和振荡也是运行中常出现的问题,特别是内阻尼较小的反应时步进电机,有时还要加机械阻尼机构。

近年来数字控制技术的迅速发展,出现了多种质优价廉的控制电源,为步进电机的发展和应用创造了有利条件,尤其是计算机在数控领域的应用,为步进电机开拓了广阔的发展前景。

步进电机是自动控制系统的关键元件,因此控制系统对它提出如下基本要求。

(1)在一定的速度范围内,在电脉冲的控制下,步进电机能迅速起动、正反转、制动和停车,调速范围广。

(2)步进电机的步距角要小,步距精度要高,不丢步不越步。

(3)工作频率高、响应速度快。不仅起动、制动、反转要快,而且能连续高速运转,生产率高。

步进电机按其工作方式不同,可分为功率步进电机和伺服步进电机两类。前者体积一般做得比较大,其输出转矩较大,可以不通过力矩放大装置,直接带动负载,从而简化了传动系统的结构,提高了系统的精度。伺服步进电机输出转矩比较小,只能直接带动较小的负载,对较大负载需通过液压扭矩放大器与伺服步进电机构成伺服机构来传动。

1. 分类

按励磁方式的不同,步进电机可分为反应式、永磁式和感应子式3类。他们产生电磁转矩的原理虽然不同,但其动作过程基本上是相同的。其中反应式步进电机结构简单,应用较广泛。

1)多段反应式步进电机

目前使用最多的是单段结构反应时步进电机。这种结构形式使电动机的结构简单,精度也易于保证;步距角可以做的较小,容易得到较高的起动频率和运行频率。但当电动机的直径较小,而相数又较多,使沿径向分相出现困难时,常做成轴向分相的多段式。

轴向磁路多段式步进电机的结构如图。定、转子铁心均沿电动机轴向按相数分段,每一组定子铁心放置一相环形的控制绕组。定、转子圆周上冲有形状和数量相同的小齿。定子铁心(或转子铁心)没相邻两段错开 $1/m$ 齿距,m 为相数。相加脉冲是磁通所经磁路如虚线如图 1 - 71 所示。

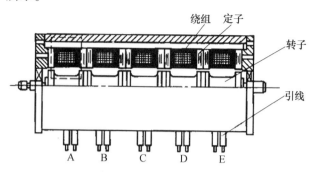

图 1 - 71 多段式轴向磁路反应式步进电机

2）永磁式步进电机

永磁式步进电机的典型结构如图 1 - 72 所示。定子上有两相或多相为绕组,转子为一对或几对极的星形磁钢,转子的极数与定十每相的极数相同。图中画出的是定子为两相集中绕组(A_0、B_0),每相为两对极,转子碰钢也是两对极的情况。从图中不难看出,当定子绕组按 A→B(- A)→(- B)→A→……轮流通直流脉冲时(如 A 相通入正脉冲则在定子上形成上下 S、左右 N4 个磁极),按 N、S 相吸原理,转子必为上下 N、左右 S,如图所示。若 A 相断开、B 相接通则定于极性将顺时针转过 45 °,转子也将转过 45°,即步距角为 45°。一般步距角为

$$\theta_s = \frac{360°}{2mp}$$。式中:p 为转子极对数;m 为相数。

用电角度表示有 $\theta_{se} = \frac{360°}{2m} = \frac{180°}{m}$(电角度)。

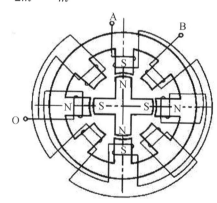

图 1 - 72 永磁式步进电机结构图

由上可知,永磁式步进电动机要求电源供给正负脉冲,否则不能连续运转,这就使电源的线路复杂化了。这个问题的解决,可在同一相的极上绕上二套绕向相反的绕组,电源只要供给正脉冲就行,这样做虽增大了用钢量和电动机的尺寸,但却简化了对电源的要求。

永磁式步进电动机的特点是:①大步距角,例如 5°、22.5°、30°、45°、90°等;②频率较低,通常为几十到几百赫(但转速不一定低);③控制功率小;④在断电情况下有定位转

矩;⑤有强的内阻尼力矩。

3）感应子式永磁步进电机

两相感应子式永磁步进电机的结构如图1-73所示。它的定子结构与单段反应式步进电动机相同，1、3、5、7极上的控制绕组串联为A相，2、4、6、8极上的控制绕组串联为B相。转子是由环形磁铁和两端铁心组成。两端转子铁心上沿外圆周开有小齿，两端铁心上的小齿彼此错过1/2齿距。定、转子齿数的配合与单段反应式步进电动机相同。

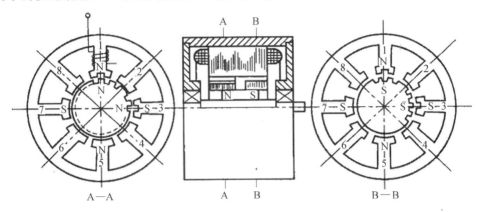

图1-73　两相感应子式永磁步进电机结构图

转子磁钢充磁后转子磁钢充磁后，一端（如图中A端）为N极，则A端转子铁芯的整个圆周上都呈N极性，B端转子铁芯则呈S极性。当定于A相通电时，定子1、3、5、7极上的极性为N、S、N、S，这时转子的稳定平衡位置就是图中所示的位置，即定子磁极1和5上的齿在B端与转子的齿对齐，在A端则与转子槽对齐，磁极3和7上的齿与A端上的转子齿及B端上的转子槽对齐。而B相4个极（2、4、6、8极）上的齿与转子齿都错开1/4齿距。由于定子同一个极的两端极性相同，转子两端极性相反，但错开半个齿距，所以当转子偏离平衡位置时，两端作用转矩的方向是一致的。在同一端，定子第1个极与第3个极的极性相反，转子同一端极性相同，但第1和3极下定、转子小齿的相对位置错开了半个齿距，所以作用转矩的方向也是一致的。

当定子各相绕组按顺序通以直流脉冲时，其步距角为 $\theta_s = \dfrac{360°}{2mE_r}$（机械角）或 $\theta_{se} = \dfrac{180°}{m}$。$\theta_s \cdot Z_r = \dfrac{180°}{m}$（电角度）。

这种电动机也可以做成较小的步距角，因而也有较高的起动和运行频率；消耗的功率也较小；并具有定位转矩，兼有反应式和永磁式步进电动机两者的优点。但是它需要有正、负电脉冲供电，并且在制造时比较复杂。

这种电动机的永久磁铁也可以由通人直流电流的励磁绕组产生的磁场来代替，此时就成了感应子式电励磁型步进电动机。

4）直线和平面式步进电动机

在自动控制装置中，要求某些机构（如自动绘图机、自动打印机等）快速地作直线或平面运动，而且要保证精确的定位，所以在旋转式步进电动机的基础上，又研制出一种新型的直线步进电动机和平面步进电动机。

直线步进电动机的结构和工作原理图如图 1－74 所示。直线步进电动机的定子(亦称反应板)和动子都用磁性材料制成。定子表面开有均匀分布的矩形齿和槽,齿距为 t,槽中填满非磁性材料(如环氧树脂),使整个定子表面非常光滑。动子上装有永久磁铁 A 和 B,每一磁极端部装有用磁性材料制成的 Π 形极片,每块极片上有两个齿(如 a 和 c、a' 和 c',d 和 b,d' 和 b'),齿距为 $1.5t$。这样,刚好使齿 a 与定子齿对齐时,齿 c 便对准定子槽。同一磁铁的两个 Π 形极片间隔的距离刚好使齿 a 和 a' 能对准定子的齿,它们之间的距离为 kt,k 代表任意整数:$1,2,3\cdots$。磁铁 A 和 B 相同,但极性相反,它们之间的距离为 $(k+l/4)t$。这样,当其中一个磁铁(例如 A 磁铁)的由完全与定子齿或槽对齐时,另一个磁铁(例如 B 磁铁)的齿则处在定子齿和槽的中间。在磁铁 A 和 B 的两个 Π 形极片上,分别装有 A 相和 B 相控制绕组,如果某一瞬间在 A 相绕组中按图中所示方向通入脉冲电流 i_A,这时由 A 相绕组产生的磁通在 a 和 a' 中与永久磁铁的磁通相叠加(方向相同),而在 c、c' 中却互相抵消(方向相反)。在这个过程中,B 相绕组不通电流,仅由磁铁 B 在 d、d' 和 b、b' 中产生的磁通可认为基本相等(磁路的磁阻基本相同),沿着动子移动方向各齿产生的此推力互相平衡。在这种情况下,仅有齿 a 和 a' 能产生磁力,驱使动子处于图(a)

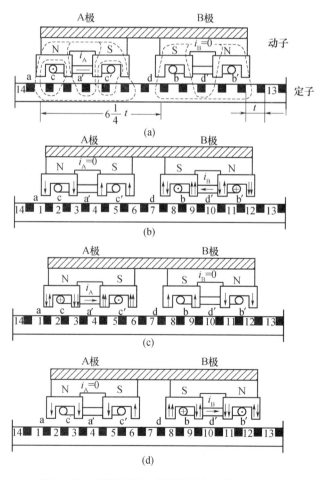

图 1－74　直线步进电动机结构和工作原理图

中所示位置。

2. 步进电动机的主要性能指标

1）最大静转矩 T_{sm}

最大静转矩 T_{sm} 是指在规定的通电相数下矩角特性上的转矩最大值。通常在技术中所规定的最大静转矩是指一相绕组通上额定电流时的最大转矩值。

按最大静转矩的大小可把步进电动机分为伺服步进电动机和功率步进电动机。伺服步进电动机的输出转矩较小，有时需要经过液压力矩放大器或伺服功率放大系统放大后再去带动负载。而功率步进电动机最大静转矩一般大于 $4.9N \cdot m$，它不需要力矩放大装置就能直接带动负载，从而大大简化了系统，提高了传动的精度。

2）步距角 θ_s

步距角是指输入一个电脉冲转子转过的角度。步距角的大小直接影响步进电动机的起动频率和运行频率。相同尺寸的步进电动机，步距角小的起动、运行频率较高，但转速和输出功率不一定高。

3）静态步距角误差 $\Delta\theta_s$

静态步距角误差 $\Delta\theta_s$ 是指实际步距角与理论步距角之间的差值，常用理论步距角的百分数或绝对值来表示。通常在空载情况下测定，$\Delta\theta_s$ 小意味着步进电动机的精度高。

4）起动频率 f_{st} 和起动频率特性

起动频率 f_{st} 是指步进电动机能够不失步起动的最高脉冲频率。技术数据中给出空载和负载起动频率。实际使用时，大多是在负载情况下起动，所以又给出起动的矩频特性，以便确定负载起动频率。起动频率是一项重要的性能指标。

5）运行频率 f_{ru} 和运行矩频特性

运行频率 f_{ru} 是指步进电动机起动后，控制脉冲频率连续上升而不失步的最高频率。通常在技术数据中也给出空载和负载运行频率，运行频率的高低与负载转矩的大小有关，所以又给出了运行矩频特性。

提高运行频率对于提高生产率和系统速度具有很大的实际意义。由于运行频率比起动频率高得多，所以在使用时，通常采用能自动升、降频控制线路，先在低频（不大于起动频率）下进行起动，然后再逐渐升频到工作频率，使电动机连续运行，升频时间在 1s 之内。

1.6　EDA 工具

1.6.1　绘制 PCB 原理图（PROTEL99SE、ALTIUM DISIGNER）

1. PROTEL99SE

Protel99SE 是应用于 Windows9X/2000/NT 操作系统下的 EDA 设计软件，采用设计库管理模式，可以进行联网设计，具有很强的数据交换能力和开放性及 3D 模拟功能，是一个 32 位的设计软件，可以完成电路原理图设计、印制电路板设计和可编程逻辑器件设计等工作，可以设计 32 个信号层，16 个电源——地层和 16 个机加工层。

利用 Protel99SE 软件可以在个人计算机上轻松完成从对电路的构思到电路原理图的

搭接,从仿真调试到元器件参数的确定,一直到生成所需的印制电路板图,并产生制版文件和材料清单。Protel99SE 软件使得电路设计变得简单、快捷,即使是业余爱好者也可设计出高质量的印制电路板来。

1) Protel99SE 电路设计的步骤

利用 Protel99SE 软件从电路原理图的设计到生成印制电路板,需经过以下步骤:启动 Protel99SE 软件→创建设计数据库→创建原理图文件→电路原理图设计→生成网络表→创建印制电路板文件→印制电路板设计。

启动 Protel99SE

启动 Protel99SE 软件最简单的方法是双击桌面上的图标,启动后的 Protel99SE 的主界面如图 1 - 75 所示。

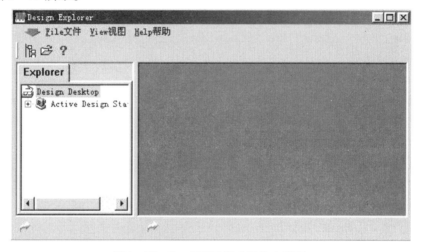

图 1 - 75 Protel99SE 启动后的主界面

2) 如何创建数据库

设计数据库是 Protel99SE 进行文件管理的设计文件包,以".ddb"为后缀名,在 Protel99SE 中所有的设计以及生成的所有文件均在设计数据库中进行。

要创建设计数据库首先应启动 Protel99SE 软件进入如图 1 - 76 所示的主界面,然后点击菜单"file 文件\New 新建"命令,出现如图 1 - 77 所示的对话框,在对话框中的【database File name】栏内填入需创建的设计数据库的名称(中文、英文均可,也可用系统默认名"MyDesign"),注意应保留后缀".ddb",再点击【database location】栏内的【Browse】按钮确定设计数据库建立的位置,最后单击【OK】即建立如图 1 - 77 所示的设计数据库。

3) 创建所需的设计文件

创建完成的设计数据库中包含以下 3 个图标。

(1) 设计组成员管理,团队设计时使用。

(2) 回收站,在本设计数据库中删除的所有文件均放入此回收站,用户可以在此回收站中对删除的文件进行清除和恢复操作。

(3) 文件夹,用户设计过程中的所有文件均可放置在此文件夹下,并可建立多层文件夹。

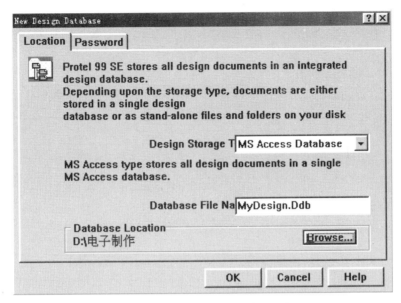

图 1 – 76　创建新设计数据库对话框

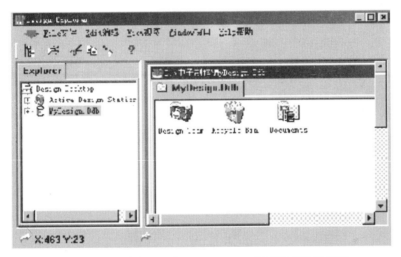

图 1 – 77　创建完成的名为"MyDasign. ddb"的设计数据库

要创建所需的设计文件应首先双击文件夹,初次打开此文件夹时其内部是空白的,如图 1 – 78 所示。

然后点击"File 文件/New 新建文件"命令,出现如图 1 – 79 所示的新建文件,选择对话框。

在新建文件选择对话框中选中所需创建的文件图标,单击【OK】按钮后在图 1 – 79 所示的【Documents】文件夹下即出现新建文件的图标。双击相应的文件图标即可打开该文件并对其进行编辑。

2. Altium Designer 简介

Altium Designer 环境是一个软件集成平台,汇集了所有必要的工具来创建一个单一的应用程序中的电子产品开发完整的环境。Altium Designer 包括所有设计任务的工具有

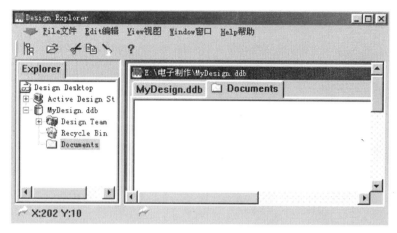

图 1 - 78   初次打开的【Documents】文件夹

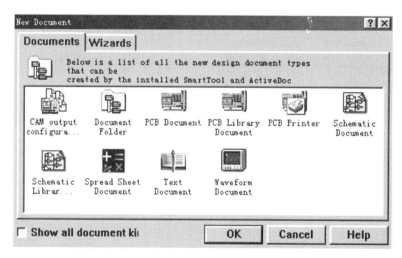

图 1 - 79   新建文件选择对话框

原理图和 HDL 设计输入、电路仿真、信号完整性分析、PCB 设计以及基于 FPGA 的嵌入式系统设计和开发。

3. 创建 PCB 工程

1）PCB 工程简介

PCB 工程是创建 PCB 图的基础,为了便于后续的设计绘图,往往需要在 PCB 工程中添加需要的元件库、封装库、原理图、PCB 图。

2）创建过程

打开 Altium Designer,依次单击 file > new > project > PCB project,创建一个 PCB 工程,保存这个工程,之后便可以将有关文件如原理图、封装图、PCB 图等添加到工程中。

（1）创建元件原理图库。

元件原理图创建过程如下。

在建立好的 PCB 工程（PCB_Project1）上,单击右键显示如图 1 - 80 所示,建立一个元件图。

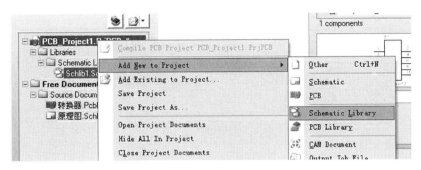

图 1-80　创建元件原理图

在已建好的元件图文件中,绘制元件图过程如下。

在菜单栏中的 place 选项下,选择所需的基础形状,根据需要进行合理设置,以一个简单芯片绘制为例。

首先在 place 工具下找到矩形,如图 1-81 所示。

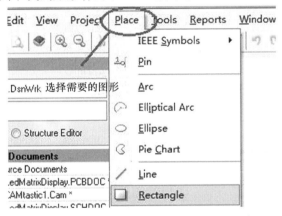

图 1-81　绘制元件图

根据需要调节矩形的形状、大小。然后放置引脚,同样在 place 工具下找到 pin 选项,按 Tab 键对 pin 的属性进行设置,如图 1-82 所示。

使用空格键使 pin 调转方向,使得有四个白点的一端朝外。绘制好图之后,对元件图的属性进行设置。单击软件右下角的 SCH 图标。

得到的对话框如图 1-83 所示。

然后选择 Edit 图标可对元件属性进行设置。

根据需要完成设置之后,将文件保存在新建的工程目录下,方便选用。或者建立一个自己的 SCH Libraries。

(2)元件封装库。

元件封装绘制的过程中应该注意保证封装的引脚标号与原理图中引脚标号对应。创建过程与元件原理图创建过程相同,只是最后选择为 PCB Libraries。

封装图绘制有两种方法,其中一种是使用 Altium Designer 自带的向导,按照向导的提示完成每一步的设置,最终完成原理图的绘制。其具体过程如下。

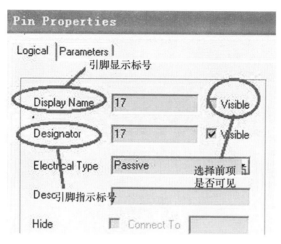

图 1 - 82　设置 Pin 属性

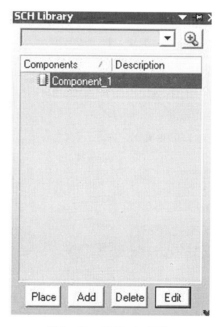

图 1 - 83　设置 pin 属性

在菜单栏中选择 tools > component Wizard,得到的封装向导如图 1 - 84 所示。

3)创建原理图(Schematic)

方法同创建 SCH Libraries。

4)加载元件

将所需元件加载到 Libraries 中,加载方式如下。

单击 Libraries 对话框中的 Libraries,如图 1 - 85 所示。

单击 Install,选择所需元件所在的目录,选择相应元件,如图 1 - 86 所示。

将元件加载到元件库中之后,直接点击放置元件(place component),在原理图中合适的位置放置元件。对元件的属性进行设置。

首先,双击元件得到有关设置对话框。对于 component Properties 设置。在 Parameter

80

图 1 - 84　封装向导

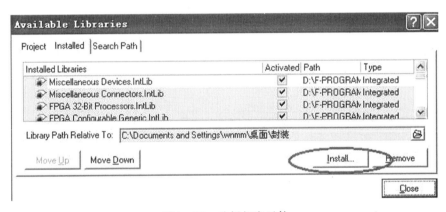

图 1 - 85　单击 Libraries

图 1 - 86　选择相应元件

这一项中应填写元件基本信息,例如:元件型号、生产厂家、价格等、方便随时更新元件、制作元件清单报表。如图 1 - 87 所示。

按照需求设置其中的分类,将没有使用的分类删除。

对 Properties 设置,如图 1 - 88 所示。

可将 Designator 这项设置为标号加问号。最后原理图绘制好之后,用自动排序就可以了。将元件封装添加到原理图中,如图 1 - 89 所示。

选择相应的封装,将其加入。

5)原理图连接

将所需元件载入原理图后,按照芯片引脚定义,功能需求等点击 ⇌ 按钮连接原理图。连接过程中,尽量不要使用较长导线,如需连接可使用标号。具有相同标号的引脚是连接在一起的,这样可以使整个原理图模块化,便于复杂原理图的分析、改错、阅读。

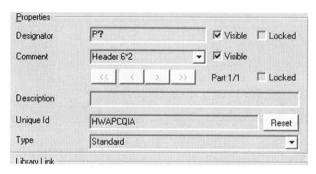

图 1 - 87 设置对话框

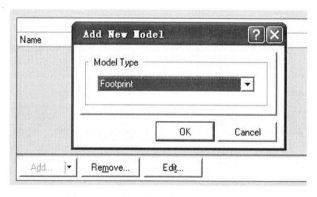

图 1 - 88 设置 Properties

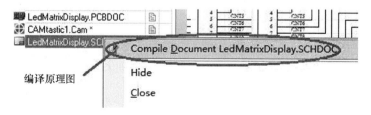

图 1 - 89 将元件封装添加到原理图

6）编译原理图

按照要求完成原理图后,需要对原理图进行编译,方法如图 1 - 90 所示。

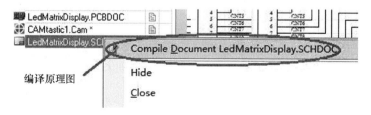

图 1 - 90 编译方法

完成原理图的编译后,如果有错软件会自动弹出消息窗口。根据提示消息,对原理图进行修改。

4. 绘制 PCB 板

1) 建立 PCB 文件

在已建立的工程中加入 PCB 文件,将原理图导入 PCB 文件中,具体操作如下。

首先,选择 Design > Update PCB document,得到如图 1-91 所示。

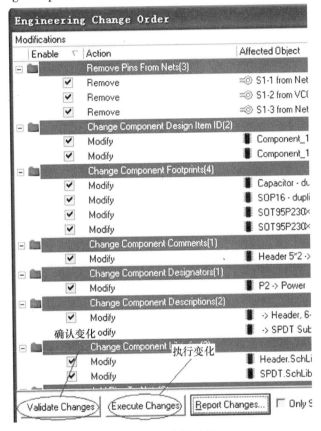

图 1-91　编译过程

这便将原理图中的元件封装导入到了 PCB 文件中,接下来就可以对 PCB 板进行具体的布局设计了。

2) PCB 板形状

根据实际需求确定 PCB 板的外形。有以下两种方法。

(1) 方法一:由向导生成 PCB 板的形状,在文件中选择 PCB board,如图 1-92 所示。根据向导提示,设置 PCB 板的外形。

(2) 方法二:利用菜单栏中的 Design > board shape > ,根据需要选择不同的方式定义PCB 板的形状。

3) 有关规则设置

PCB 中的规则包括走线宽度、元件之间的最小间距等的设置。设置方法同样包括手动设置与使用设置向导两种方式。

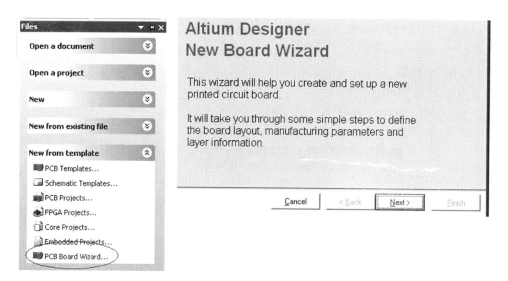

图 1－92　确定 PCB 板外形

对于手动设置,说明如下。

首先,选择菜单栏中 Design＞rules,得到 PCB rules and constraints editor。如图 1－93 所示。图中标注出了有关对走线、过孔、元件间距的设置,具体需要对哪些项进行设置,据具体情况而定。

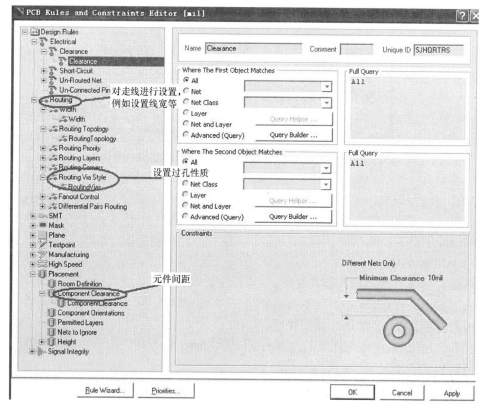

图 1－93　相关规则设置

对于利用设置向导的使用说明说明如下。

利用菜单栏中 Design > rules Wizards,如图 1 - 94 所示。

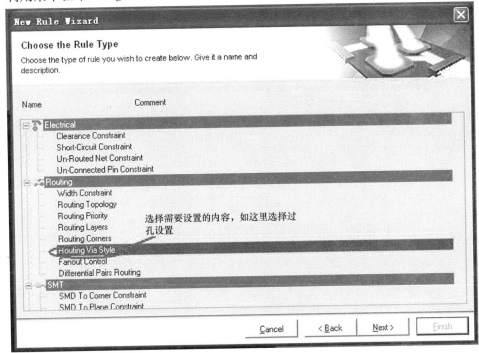

图 1 - 94　设置向导

根据提示完成设置。

4）元件放置与布线

对于 PCB 板的元件放置,主要由板的功能需求以及外观要求所确定。对于布线有手动布线与自动布线。自动布线时,必须对所有规则进行设置,对于走线较为简单的 PCB 板还是可行的。对于手动布线,一般来说遵循这样一些原则:先布信号线,后布电源线与地线;先布模块之间的连线,后模块内部连线;对于一些对位置无特殊要求的元件,在布线的过程中可以调整其位置,但不能因为布线而使元件排列不整齐。布线时可以选择对一些图层的可见性,图 1 - 95 所示为调整单层模式的选择方式。

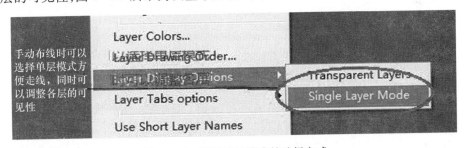

图 1 - 95　调整单层模式的选择方式

5）铺铜

在工具栏中选择铺铜选项,如图 1 - 96 所示。

图 1-96 铺铜选项

根据需要选择铺铜的厚度以及位置。如图 1-97 所示。

图 1-97 设置铺铜厚度以及位置

最后,检查完成 PCB 板的绘制,检测包括对元件位置的确定,以及元件是否违反规则的检查,对于规则检查方法如图 1-98 所示。

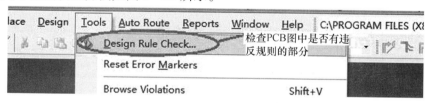

图 1-98 规则检查方法

若发现有规则冲突,则需对规则冲突进行分析,若为无必要的规则可以直接忽略冲突,通过反复检查修改,确定 PCB 板无误。

5. PCB 加工

对于大多数 PCB 加工厂家需要我们提供 Gerber 文件与 CN 文件。

生成 Gerber 文件,files > Frabrication output > Gerber files,得到如图 1-99 所示对话框。

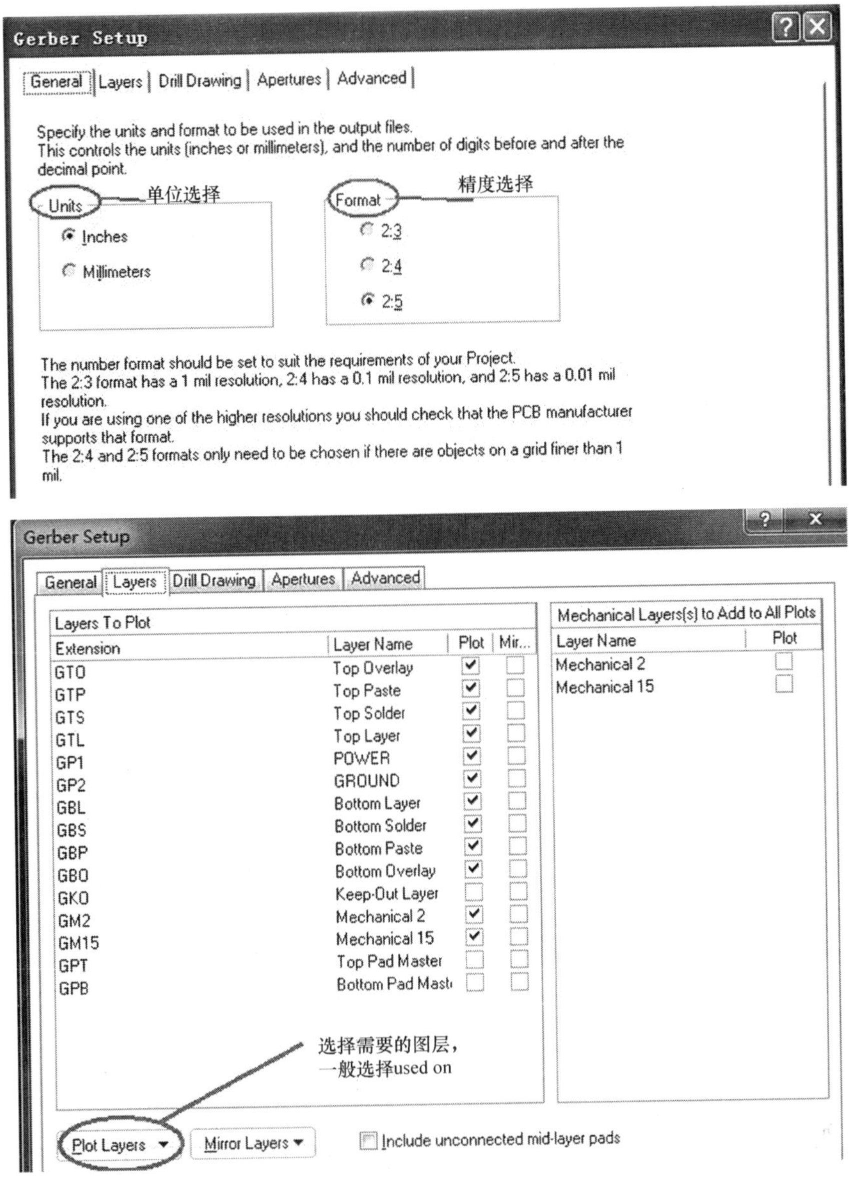

图 1-99 生成 Gerber 文件对话框

完成好对 Gerber 文件的设置后,生成了.Cam 文件,但是这个文件我们并不需要,而是需要与这同时生成的一系列文件,如图 1-100 所示。

PCB 厂家利用这些文件,分别做出 PCB 板的每一层。

同时还需要 NC 文件,来提供有关孔洞的信息,其生成方式如图 1-101 所示。

PCB 厂家利用以上文件便可以完成对 PCB 板的加工了。

1.6.2 软件编程及下载(KEIL、STC 等)

1. KEIL 软件使用步骤

1)新建项目

首先打开 Keil,然后,点击 Project,如图 1-102 所示。

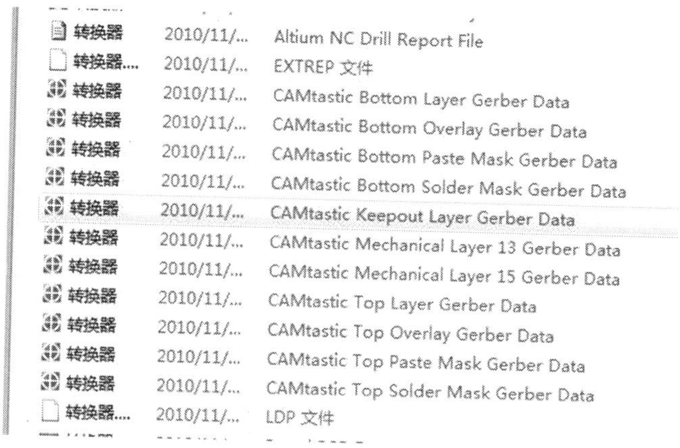

转换器 2010/11/... Altium NC Drill Report File
转换器.... 2010/11/... EXTREP 文件
转换器 2010/11/... CAMtastic Bottom Layer Gerber Data
转换器 2010/11/... CAMtastic Bottom Overlay Gerber Data
转换器 2010/11/... CAMtastic Bottom Paste Mask Gerber Data
转换器 2010/11/... CAMtastic Bottom Solder Mask Gerber Data
转换器 2010/11/... CAMtastic Keepout Layer Gerber Data
转换器 2010/11/... CAMtastic Mechanical Layer 13 Gerber Data
转换器 2010/11/... CAMtastic Mechanical Layer 15 Gerber Data
转换器 2010/11/... CAMtastic Top Layer Gerber Data
转换器 2010/11/... CAMtastic Top Overlay Gerber Data
转换器 2010/11/... CAMtastic Top Paste Mask Gerber Data
转换器 2010/11/... CAMtastic Top Solder Mask Gerber Data
转换器.... 2010/11/... LDP 文件

图 1－100　所需文件对话框

File>Frabrication output>NC Drill

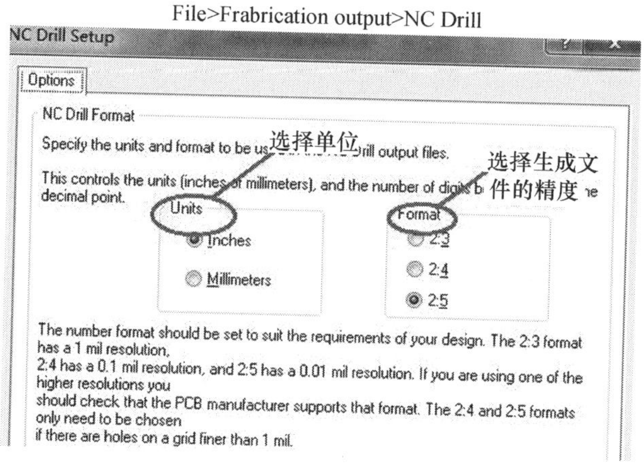

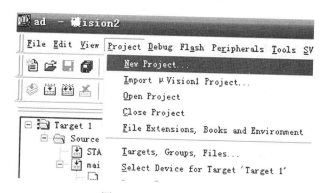

NC Drill Setup
Options
NC Drill Format
选择单位
选择生成文件的精度
Units
Inches
Millimeters
Format
2:3
2:4
2:5
The number format should be set to suit the requirements of your design. The 2:3 format has a 1 mil resolution,
2:4 has a 0.1 mil resolution, and 2:5 has a 0.01 mil resolution. If you are using one of the higher resolutions you
should check that the PCB manufacturer supports that format. The 2:4 and 2:5 formats only need to be chosen
if there are holes on a grid finer than 1 mil.

图 1－101　生成 NC 文件

File Edit View Project Debug Flash Peripherals Tools SV
New Project...
Import μVision1 Project...
Open Project
Close Project
File Extensions, Books and Environment
Targets, Groups, Files...
Select Device for Target 'Target 1'
Target 1
Source

图 1－102　Project 界面

点击 New Project 后选择你项目存放的文件目录，写项目名，然后点击保存。然后会弹出器件选型对话框，如图 1－103 所示。

针对本开发板选择 Atmel 的 ATmel89s51 或者 ATmel89s52。确定后会有如图 1－104 所示对话框。选“是”，项目建立完毕。

2）建立源文件

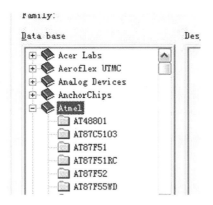

图 1 – 103　器件选择对话框

图 1 – 104　确定对话框

点击 New file 图标,如图 1 – 105 所示。

图 1 – 105　New file 图标

　　然后再点击保存,把新创建的文件保存到你创建项目的那个文件夹里面,注意如果是
C 文件文件后缀应该为. c,汇编文件为. asm,头文件为. h 。
　　3)往项目里添加源文件
　　右键点击 Source Group 1,然后再点击 Add Files to Group'Source Group1',如图 1 – 106
所示。
　　选择你要添加的源文件,双击即可。
　　4)生成 Hex 文件
　　右键点击项目框中的 Target 1(图 1 – 107)。
　　选择 option for Target 'Target 1'(图 1 – 108)。
　　再点击 output,在 Creat Hex File 选项上打勾(图 1 – 109)。

再点击确定即可,编译项目后就能生成 Hex 文件,用来烧写进单片机里执行。

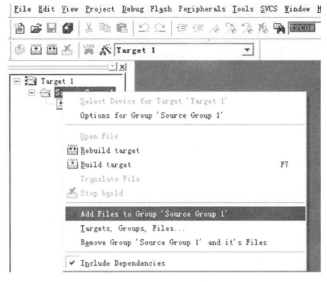

图 1 - 106　添加源文件界面

图 1 - 107　Target 1 图标

图 1 - 108　option for Target"Target 1"图标

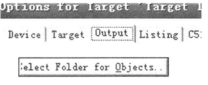

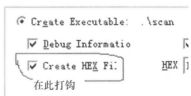

图 1 - 109　点击选项

5）编译项目

项目文件添加完毕后,点击编译按钮,红线画的即是。然后根据编译输出信息,检查error 或者 warning(图 1 – 110)。

2. STC 下载软件使用说明

1）打开 STC – ISP 的图标(图 1 – 111)。

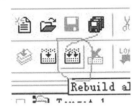

图 1 – 110　编译按钮　　　　　　　　　图 1 – 111　STC – ISP 图标

2）然后在步骤 1)中选择单片机型号,可以选择(STC89C51RC)(图 1 – 112)。

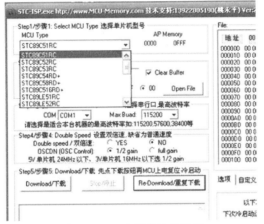

图 1 – 112　选择单片机型号

3）点"Open File"然后根据自己所存程序的路径选择所要下载的程序,选的是 Hex 文档(图 1 – 113)。

图 1 – 113　选择下载程序

4）选择端口,选择根据自己电脑的硬件端口,如 COM1（图 1 – 114）。

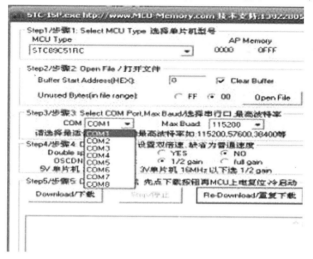

图 1 – 114　选择端口

然后选 MaxBuad 中选择波特率为 9600（图 1 – 115）。

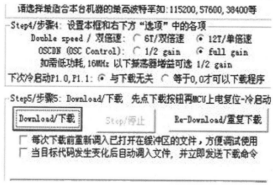

图 1 – 115　选择波特率

5）选择可以不管,因为本实验板符合默认的模式（图 1 – 116）。

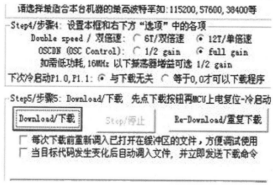

图 1 – 116　选择按钮

6）按下"Download/下载",给开发板断电后在上电(图1-117)。

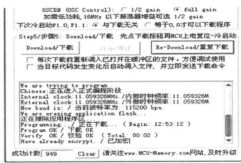

图1-117 下载按钮

7）下载完成。

1.6.3 仿真软件(PROTEUS 等)

1. Proteus

1）介绍

Proteus 软件是 Labcenter Electronics 公司的一款电路设计与仿真软件,它包括 ISIS、ARES 等软件模块,ARES 模块主要用来完成 PCB 的设计,而 ISIS 模块用来完成电路原理图的布图与仿真。Proteus 的软件仿真基于 VSM 技术,它与其他软件最大的不同也是最大的优势就在于它能仿真大量的单片机芯片,比如 MCS-51 系列、PIC 系列等,以及单片机外围电路,比如键盘、LED、LCD 等。通过 Proteus 软件的使用我们能够轻易地获得一个功能齐全、实用方便的单片机实验室。

2）功能

Proteus 软件不但具有其他 EDA 工具软件的功能,如原理布图、PCB 自动或人工布线、SPICE 电路仿真,还具有革命性的特点,如互动的电路仿真(用户甚至可以实时采用诸如 RAM,ROM,键盘,马达,LED,LCD,AD/DA,部分 SPI 器件,部分 IIC 器件)、仿真处理器及其外围电路(可以仿真 51 系列、AVR、PIC、ARM 等常用主流单片机。还可以直接在基于原理图的虚拟原型上编程,再配合显示及输出,能看到运行后输入输出的效果)。配合系统配置的虚拟逻辑分析仪、示波器等,Proteus 建立了完备的电子设计开发环境。

下面我们首先来熟悉一下 Proteus 的界面。Proteus 是一个标准的 Windows 窗口程序,和大多数程序一样,没有太大区别,其启动界面如图1-118所示。

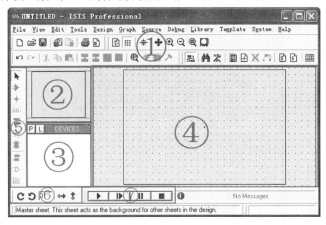

图1-118　启动界面

　　图中,区域①为菜单及工具栏,区域②为预览区,区域③为元器件浏览区,区域④为编辑窗口,区域⑤为对象拾取区,区域⑥为元器件调整工具栏,区域⑦为运行工具条。

　　下面就以建立一个和在 Keil 简介中所讲的工程项目相配套的 Proteus 工程为例来详细讲述 Proteus 的操作方法以及注意事项。

　　首先点击启动界面区域③中的"P"按钮(Pick Devices,拾取元器件)来打开"Pick Devices"(拾取元器件)对话框从元件库中拾取所需的元器件。对话框如图1-119所示。

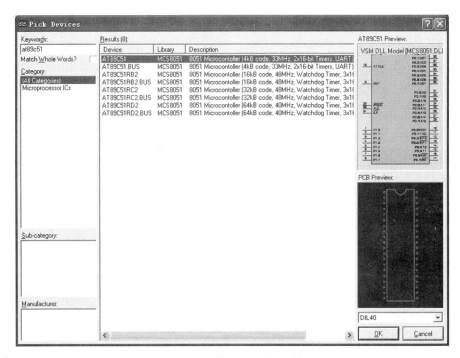

图1-119　拾取元器件对话框

在对话框中的"Keywords"里面输入我们要检索的元器件的关键词,比如我们要选择项目中使用的 AT89C51,就可以直接输入。输入以后就能够在中间的"Results"结果栏里面看到我们搜索的元器件的结果。在对话框的右侧,我们还能够看到我们选择的元器件的仿真模型、引脚以及 PCB 参数。

这里有一点需要注意,可能有时候我们选择的元器件并没有仿真模型,对话框将在仿真模型和引脚一栏中显示"No Simulator Model"(无仿真模型)。那么就不能够用该元器件进行仿真了,我们只能做它的 PCB 板,或者我们可以选择其他的与其功能类似而且具有仿真模型的元器件。

搜索到所需的元器件以后,我们可以双击元器件名将相应的元器件加入到我们的文档中,接着还可以用相同的方法来搜索并加入其他的元器件。当将所需的元器件全部加入到文档中后,可以点击"OK"按钮来完成元器件的添加。

添加好元器件以后,下面所需要做的就是将元器件按照需要连接成电路。首先在元器件浏览区中点击需要添加到文档中的元器件,这时我们就可以在浏览区看到我们所选择的元器件的形状与方向,如果其方向不符合你的要求,可以通过点击元器件调整工具栏中的工具来任意进行调整,调整完成之后在文档中单击并选定好需要放置的位置即可。接着按相同的操作即可完成所有元器件的布置,接下来是连线。事实上Proteus 的自动布线功能是如此的完美以至于我们在做布线时从来都不会觉得这是一项任务,而通常像是在享受布线的乐趣。布线时我们只需要单击选择起点,然后在需要转弯的地方单击一下,按照你所需走线的方向移动鼠标到线的终点单击即可。布线的结果如图 1 – 120 所示。

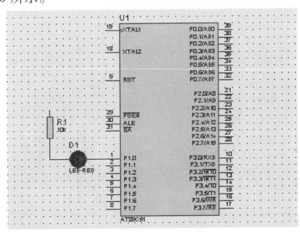

图 1 – 120　布线结果

因为该工程十分简单,我们没有必要加上复位电路,所以这点在图中予以忽略,请大家注意。除此以外,还需要注意,单片机系统没有晶振。事实上在 Proteus 中单片机的晶振可以省略,系统默认为 12MHz,而且很多时候,当然也为了方便,我们只需要取默认值就可以了。

下面我们来添加电源。先说明一点,Proteus 中单片机芯片默认已经添加电源与地,所以可以省略。然后在添加电源与地以前,我们先来看一下上面第一个图中区域⑤的对象拾取区,在这里只说明本文中可能会用得到的以及比较重要的工具。

(1) :(selection mode)。选择模式,通常情况下我们都需要选中它,比如布局时和布线时。

(2) :(component mode)。组件模式,点击该按钮,能够显示出区域③中的元器件,以便我们选择。

(3) :(wire label mode)。线路标签模式,选中它并单击文档区电路连线能够为连线添加标签。经常与总线配合使用。

(4) :(text script mode)。文本模式,选中它能够为文档添加文本。

(5) :(buses mode)。总线模式,选中它能够在电路中画总线。关于总线画法的详细步骤与注意事项我们在下面会进行专门讲解。

(6) :(terminals mode)。终端模式,选中它能够为电路添加各种终端,比如输入、输出、电源、地等。

(7) :(virtual instruments mode)。虚拟仪器模式,选中它我们能够在区域③中看到很多虚拟仪器,比如示波器、电压表、电流表等。关于它们的用法我们会在后面的相应章节中详细讲述。

接下来,我们就来添加电源。首先点击 ,选择终端模式,然后在元器件浏览区中点击 POWER(电源)来选中电源,通过区域⑥中的元器件调整工具进行适当的调整,然后就可以在文档区中单击放置电源了。放置并连接好线路的电路图一部分如图 1 - 121 所示。

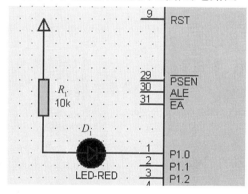

图 1 - 121　放置并连接好线路的电路图

连接好电路图以后我们还需要做一些修改。可以看出,图 1 - 122 中的 R_1 电阻值为 $10k\Omega$,这个电阻作为限流电阻显然太大,将使发光二极管 D_1 亮度很低或者根本就不亮,影响我们的仿真结果。所以我们要进行修改。修改方法如下。

首先我们双击电阻图标,这时软件将弹出"Edit Component"对话框(图 1 - 122),对话框中的"Component Referer"是组件标签之意,可以随便填写,也可以取默认,但要注意在同一文档中不能有两个组件标签相同;"Resistance"就是电阻值了,我们可以在其后的框中根据需要填入相应的电阻值。填写时需注意其格式,如果直接填写数字,则单位默认为 Ω;如果在数字后面加上 K 或者 k,则表示 $k\Omega$。这里我们填入 270,表示 270Ω。

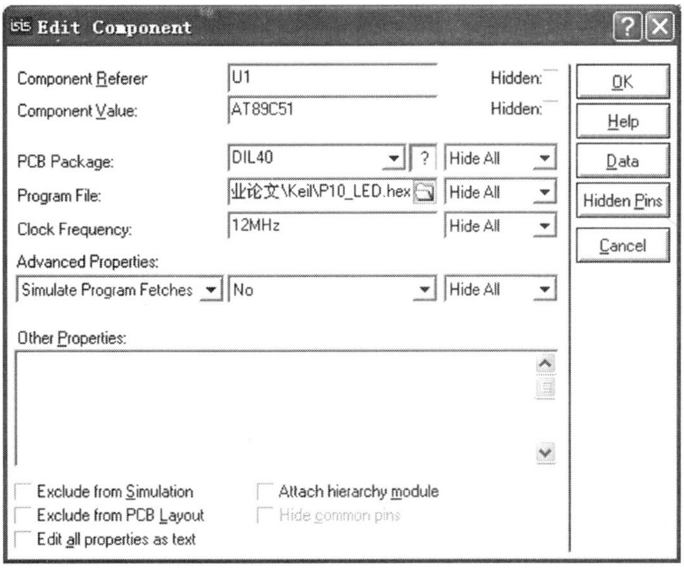

图 1 - 122　"Edit Component"对话框

修改好各组件属性以后就要将程序(HEX 文件)载入单片机了。首先双击单片机图标,系统同样会弹出"Edit Component"对话框。在这个对话框中我们点击"Program files"框右侧的 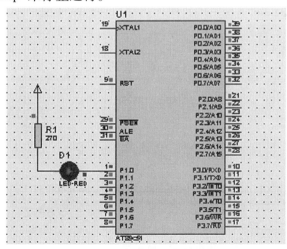,来打开选择程序代码窗口,选中相应的 HEX 文件后返回,这时,按钮左侧的框中就填入了相应的 HEX 文件,我们点击对话框的"OK"按钮,回到文档,程序文件就添加完毕了。

装载好程序,就可以进行仿真了。首先来熟悉一下上面图 1 -119 中区域⑦的运行工具条。因为比较简单,我们只作一下介绍。

工具条从左到右依次是"Play"、"Step"、"Pause"、"Stop"按钮,即运行、步进、暂停、停止。下面我们点击"Play"按钮来仿真运行,效果如图 1 -123 所示,可以看到系统按照我们的程序在运行着,而且我们还能看到其高低电平的实时变化。如果我们已经观察到了结果,就可以点击"Stop"来停止运行。

图 1 -123　仿真运行效果图

97

1.7 焊接工具

焊接是一种金属连接的方法。目前使用最广泛的连接方式是锡焊。通过对两金属连接处或加热溶化或加压,或两者并用,使金属原子之间相互结合而形成合金层,从而使两种金属连接起来,这个过程称为焊接。焊接中的钎焊是在已加热的被焊件之间,熔入低于被焊件熔点的焊料,使被焊件与焊料熔为一体的焊接技术,即母材不熔化,焊料熔化的焊接技术。锡焊属于钎焊中的一种焊接方式,是使用铅锡合金焊料进行焊接的一种焊接形式。

焊接过程可分为3个阶段:熔融焊料在被焊金属表面的润湿阶段;熔融焊料在被焊金属表面的扩散阶段;接触面上产生合金层的阶段。

1. 润湿阶段

润湿阶段是指加热后熔融焊料在金属表面上充分铺开,和被焊件的表面分子充分接触的过程。为使该阶段达到预期的效果,被焊件的表面一定要保持清洁。

2. 扩散阶段

熔融焊料的润湿过程还伴有扩散现象,即在一定的温度下,熔融焊料的分子渗入到被焊金属结构中,这就是扩散。扩散速度和扩散量取决于焊接温度和焊接时间。扩散的结果是在两者的结合面上形成合金层。

3. 产生合金层的阶段

焊接中,焊料完成润湿和扩散后,即可停止加温加压,焊料开始冷却。冷却时,合金层首先以适当的合金状态开始凝固,形成金属结晶,然后结晶向未凝固的焊料方向生长,最后形成焊点。

1.7.1 相关焊接工具介绍

1. 电烙铁

电烙铁是电子锡焊中最常用的工具,它可以用来焊接导线电子元器件的引脚。电烙铁的种类较多,有内热式、外热式、恒温式、吸锡式和感应式等。电烙铁的工作原理是利用电流流过烙铁芯内的电热丝,将电能转换为热能对焊接点部位进行加热焊接。常用的电烙铁有内热式和外热式两种。

1) 内热式电烙铁

常见的内热式电烙铁的外形和结构如图1-124所示。

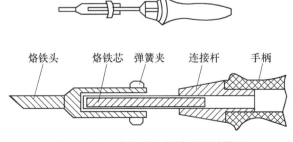

烙铁头　　烙铁芯　弹簧夹　　连接杆　　手柄

图1-124　内热式电烙铁外形结构图

内热式电烙铁由连接杆、手柄、弹簧夹、烙铁芯、烙铁头 5 个部分组成。由于烙铁芯安装在烙铁头的里面,故称内热式电烙铁,它的发热元件在烙铁头内部,具有发热快、耗电少、热效率高、体积小等特点。内热式电烙铁的烙铁芯是将镍铬电阻丝绕在瓷管上制成的,是电烙铁的发热部分。由于电热丝很细且容易断,瓷管很脆且易碎,故内热式电烙铁在使用时不要长时间通电,不要敲击和碰撞,否则极易损坏。

烙铁头是用铜合金制成的,具有导热性能好、高温不易氧化的特点,它的作用是储存和传送能量。烙铁的温度与烙铁头的体积、形状、长短等都有一定关系。调节烙铁头伸出的长度,可适当控制烙铁头的温度。

2）外热式电烙铁

外热式电烙铁的外形如图 1 - 125 所示,它由烙铁头、烙铁芯、外壳、木柄、电源线、插头等部分组成,电烙铁的发热元器件是烙铁芯。它将发热电阻丝绕在由云母绝缘材料制成的烙铁芯骨架上,烙铁头安装在烙铁芯里面。通电后电阻丝发热,其热量从外向内传到烙铁头上,故称外热式电烙铁。直立型外热式电烙铁是目前最广泛使用的电烙铁。外热式电烙铁常用 25W、30W、45W、75W、100W、150W、200W 等规格,电烙铁的功率越大,烙铁头的温度越高。

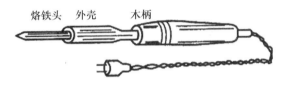

图 1 - 125　外热式电烙铁外形图

3）其他烙铁

（1）恒温电烙铁。

由于在焊接集成电路、晶体管元器件时,温度不能过高,焊接时间不能过长,否则就会因温度过高而损坏元器件,因而对电烙铁的温度要加以限制。而恒温电烙铁就可达到这一要求,烙铁头温度可在 260 ~ 450℃ 范围内任意选择。根据温度控制方式不同,恒温电烙铁分为电控恒温电烙铁和磁控恒温电烙铁两种。

电控恒温电烙铁采用热电偶来检测和控制烙铁头的温度。当烙铁头的温度低于规定值时,温控装置中的电子电路控制半导体开关元件或继电器接通,给电烙铁供电,温度上升;当温度达到预定值时,控制电路就构成反动作,停止向电烙铁供电,如此使烙铁头的温度基本保持恒定值。电控恒温电烙铁是较好的焊接工具,但价格昂贵,目前使用较少。

磁控恒温电烙铁是利用在烙铁头上装有一个强磁性体传感器,用以吸附磁心开关（加热器的控制开关）中的永磁体来控制温度。需要升温时,通过磁力作用使加热器的控制开关闭合,电烙铁处于加热状态。当烙铁头的温度上升到规定温度时,永磁体便因强磁性体传感器到达居里点而磁性消失,使控制开关触点断开,停止向电烙铁供电,一旦温度低于磁体传感器的居里点,强磁体就恢复磁性,重新为电烙铁供电。如此循环往复,使烙铁头的温度基本保持恒定。磁控恒温电烙铁目前使用比较普遍,外形和结构如图 1 - 126 所示。

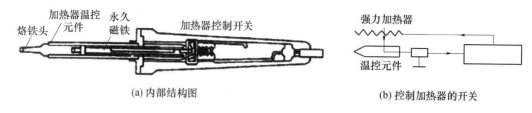

(a) 内部结构图　　　　　　　　　　　　　(b) 控制加热器的开关

图 1 − 126　磁控恒温电烙铁结构图

因恒温电烙铁采用断续加热,是普通烙铁功耗的 1/2 左右,并且升温速度快。由于烙铁头始终保持恒温,所以在焊接过程中焊锡不易氧化,可减少虚焊,提高焊接质量,同时烙铁头也不会产生过热现象,使用寿命较长。

（2）吸锡电烙铁。

吸锡电烙铁是将活塞式吸锡器与电烙铁融于一体的拆焊工具,它具有使用方便、灵活、适用范围宽等特点,不足之处是每次只能对一个焊点进行拆焊,外形和结构如图 1 − 127 所示。

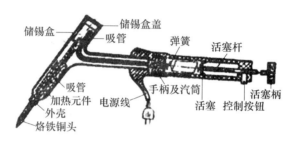

图 1 − 127　吸锡电烙铁结构图

（3）气焊烙铁。

一种用液化气、甲烷等可燃气体燃烧加热烙铁头的烙铁,适用于供电不方便或无法供给交流电的场合。

（4）热风枪。

热风枪又称贴片电子元器件拆焊台。它专门用于表面贴片安装电子元器件的焊接和拆卸,其外观如图 1 − 128 所示。热风枪由控制电路、空气压缩泵和热风枪喷头组成。其中控制电路是整个热风枪的温度、风力控制中心;空气压缩泵是热风枪的心脏,负责热风枪的风力供应;热风喷头是将空气压缩泵送来的压缩空气加热到可以使焊锡熔化的部件,其头部还装有可以检测温度的传感器,把温度信号转变为电信号送回电源控制电路板;各种喷嘴用于不同的表面贴片元器件。

一般来说,电烙铁的功率越大、热量越大,烙铁头的温度与就越高。一般的晶体管,集成电路电子元器件焊接选用 20W 的内热式电烙铁就足够了。烙铁架如图 1 − 129 所示。

2. 焊锡

焊锡(图 1 − 130)是在焊接线路中连接电子元器件的重要工业原材料,广泛应用于电子工业、家电制造业、汽车制造业、维修业和日常生活中。

图 1 – 128　热风枪

图 1 – 129　烙铁架

图 1 – 130　焊锡

1）分类：

有铅焊锡：由锡（熔点 232℃）和铅（熔点 327℃）组成的合金。其焊锡丝中由锡 63%
和铅 37% 组成的焊锡被称为共晶焊锡，这种焊锡的熔点是 183℃。

无铅焊锡:为适应欧盟环保要求提出的 ROHS 标准。焊锡由锡铜合金做成。其中铅含量为 1000PPM 以下。

2)其他常用工具

(1)尖嘴钳。

尖嘴钳,别名:修口钳、尖头钳、尖咀钳。它是由尖头、刀口和钳柄组成。主要用途是剪切线径较细的单股与多股线,以及给单股导线接头弯圈、剥塑料绝缘层等,能在较狭小的工作空间操作,不带刃口者只能夹捏工作,带刃口者能剪切细小零件,它是电工(尤其是内线电工)、仪表及电讯器材等装配及修理工作常用工具常用的工具之一。

分类:市面上的尖嘴钳可以分为高档日式尖嘴钳、专业电子尖嘴钳、德式省力尖嘴钳、VDE 耐高压尖嘴钳等。

镊子(图 1 - 131)分为尖嘴镊子和圆嘴镊子两种。尖嘴镊子用于夹持较细的导线,以便于装配焊接。圆嘴镊子用于弯曲元器件引线和夹持元器件焊接等。用镊子夹持元器件还有散热作用。

图 1 - 131　尖嘴钳

分类:市面上的镊子可以分为不锈钢镊子、防静电塑料镊子、竹镊子、医用镊子、净化镊子、晶片镊子、防静电可换头镊子、不锈钢防静电镊子。

(2)螺丝刀(图 1 - 132)。

一种用来拧转螺丝钉以迫使其就位的工具,通常有一个薄楔形头,可插入螺丝钉头的槽缝或凹口内,学名为"改锥"。主要有一字(负号)和十字(正号)两种。常见的还有六角螺丝刀,包括内六角和外六角两种。

图 1 - 132　镊子

螺丝刀又分为传统螺丝刀(英文:screwdriver)和棘轮螺丝刀(电动螺丝起子)(英文:ratchet screwdriver)。传统螺丝刀是由一个塑胶手把外加一个可以锁螺丝的铁棒,而棘轮螺丝刀则是由一个塑胶手把外加一个棘轮机构。后者让锁螺丝的铁棒可以顺时针或逆时针空转,借由空转的机能达到促进锁螺丝的效率,而不需逐次将动力驱动器(手)转回原本的位置。

分类如下。

普通螺丝刀:就是头柄造在一起的螺丝刀,容易准备,只要拿出来就可以使用,但由于螺丝有很多种不同长度和粗度,有时需要准备很多支不同的螺丝刀。

组合型螺丝刀:一种把螺丝刀头和柄分开的螺丝刀,要安装不同类型的螺丝时,只需把螺丝刀头换掉就可以,不需要带备大量螺丝刀,可以节省空间,却容易遗失螺丝刀头。

电动螺丝刀:电动螺丝刀,顾名思义就是以电动马达代替人手安装和移除螺丝,通常是组合螺丝刀。

钟表起子:属于精密起子,常用在修理手带型钟表,故有此一称。

小金刚螺丝起子:头柄及身长尺寸比一般常用之螺丝起子小,非钟表起子。

从其结构形状来说,通常有以下几种,如图 1 - 133 所示。

图 1 - 133   螺丝刀

直形。这是最常见的一种。头部型号有一字,十字,米字,T 型(梅花型),H 型(六角),等。

L 形。多见于六角螺丝刀,利用其较长的杆来增大力矩,从而更省力。

T 形。汽修行业应用较多。

(3)吸锡器(图 1 - 134)。

吸锡器是一种修理电器用的工具,收集拆卸焊盘电子元件时融化的焊锡。有手动、电动两种。维修拆卸零件需要使用吸锡器,尤其是大规模集成电路,更为难拆,拆不好容易破坏印制电路板,造成不必要的损失。简单的吸锡器是手动式的,且大部分是塑料制品,它的头部由于常常接触高温,因此通常都采用耐高温塑料制成。

图 1 - 134   吸锡器

分类如下。

常见的吸锡器主要有吸锡球、手动吸锡器、电热吸锡器、防静电吸锡器、电动吸锡枪以及双用吸锡电烙铁等。

大部分吸锡器为活塞式,按照吸筒壁材料,可分为塑料吸锡器和铝合金吸锡器,塑料吸锡器轻巧、做工一般、价格便宜、长型塑料吸锡器吸力较强;铝合金吸锡器外观漂亮、吸筒密闭性好,一般可以单手操作,更加方便。

按照是否可以电加热,可以分为普通吸锡器和电热吸锡器,普通吸锡器使用时配合电烙铁一起使用,电热吸锡器直接可以拆焊,部分电热吸锡器还附带烙铁头,换上后可以作为烙铁焊接用。

1.7.2 操作方法

1. 电烙铁

1)电烙铁的选择和使用

(1)电烙铁的选择。

由前述可知,电烙铁的种类和规格有很多种,而且被焊工件的大小又有所不同,因此合理选择电烙铁的种类和功率对提高焊接质量和效率有直接关系。如果被焊件较大,使用的电烙铁功率较小,则焊接温度过低,焊料熔化较慢,焊剂不能挥发,焊点不光滑、不牢固,这样势必造成焊接强度以及质量不合格,甚至焊料不熔化,使焊接无法进行。如果电烙铁功率过大,则使过多的热量传递到被焊工件表面,使元器件焊点过热,造成元器件的损坏、印制电路板的铜箔脱落、焊料流动过快并无法控制。选用电烙铁时可以从以下几个方面加以考虑。

① 焊接集成电路、晶体管及受热易损坏元器件时,应选用20W内热式或25W外热式电烙铁。

② 焊接导线及铜轴电缆时,应选用45~75W外热式电烙铁或50W内热式电烙铁。

③ 焊接较大的元器件时,如行输出变压器的引线脚、大电解电容器的引线脚、金属底盘接地焊片等,应选用100W以上的电烙铁。

(2)手工焊接方法。

应注意焊接操作的姿势正确,焊剂加热挥发的化学物质对人体是有害的,如果操作时鼻子距离烙铁头太近,则很容易将有害气体吸入。一般烙铁离开鼻子的距离应不小于30cm,通常以40cm为宜。

为了能使被焊件焊接牢靠,又不损坏被焊件周围的元器件及导线,视被焊件的位置、大小及电烙铁的规格大小,适当地选择电烙铁的握法很重要。电烙铁的提法可分为3种,如图1-135所示。图1-135(a)为反提法,就是用五指将电烙铁的手柄握在掌内。此法适用于大功率电烙铁,焊接散热量较大的被焊件。图1-135(b)为正提法,此法使用的电烙铁也比较大,且多为弯形烙铁头,多用于线路板垂直桌面情况下焊接。图1-135(c)为握笔法,此法适用于小功率的电烙铁,焊接散热量较小的被焊件,适合在元器件较多的电路中进行焊接。

2)焊接操作的基本步骤

(1)准备施焊。准备好焊锡丝和烙铁。此时要特别强调的是烙铁头部分要保持干净,即可以沾上焊锡(俗称吃锡)。左手拿焊丝,右手拿烙铁对准焊接部位。

(a) 反握法　　　　(b) 正握法　　　　(c) 捏笔法

图1-135　电烙铁握法

(2) 加热焊件。将烙铁头接触焊接点,首先要注意保持烙铁加热焊件各部分,例如元器件引线和印制电路板焊盘都要使之受热。其次要让烙铁头的扁平部分接触热容量较大的焊件,烙铁头的侧面或边缘部分接触热容量较小的焊件,以保持均匀受热。

(3) 熔化焊料。当焊件加热到能熔化焊料的温度后将焊丝置于焊点,焊料开始熔化并润湿焊点。

(4) 移开焊锡。当熔化一定量焊锡后将焊丝移开。

(5) 移开烙铁。当焊锡完全润湿焊点后移开烙铁,注意移开烙铁的方向应该大致45°的方向。

上述五步间并没有严格的区分。要熟练掌握焊接的方法,必须经过大量的实践。持别是准确掌握各步骤所需的时间,对保证焊接质量至关重要。

电烙铁使用时的处理:一把新烙铁不能拿来就用,必须先对烙铁头处理后才能正确使用,也就是使用前先给烙铁头渡上一层锡。具体的方法是:首先用挫把烙铁头按需要锉成一定的形状,然后接上电源,当烙铁头的温度上升到能熔锡时,将松香涂在烙铁头上,等松香冒烟后再涂上一层焊锡,如此进行2~3次,使烙铁头的刃面上挂上一层锡就可以使用了。

当烙铁头使用一段时间后,烙铁头的刀面及其周围就产生一层氧化物,这样便产生"吃锡"困难的现象,此时可锉去氧化层,重新镀上焊锡。

烙铁头的长度可以调整。选择合适电烙铁功率后,已基本满足焊接温度的需要,但仍不能完全适应印制电路板中所有元器件的需求。如焊接集成电路和晶体管时,烙铁头的温度不能太高,且时间不宜过长,此时可适当调整烙铁头在烙铁心里的长度,进一步控制烙铁头的温度。

电烙铁不宜长时间通电而不使用,团为这样容易使烙铁心加速氧化而烧断,同时也使烙铁头长时间加热而氧化,甚至被烧"死"不再"吃锡"。

焊接时电烙铁接通电源后,等一会儿烙铁头的颜色会变,证明烙铁发热了,涂上助焊剂,然后用焊锡丝放在烙铁头上给烙铁头上均匀地镀上锡,便烙铁不易被氧化,在使用中,应使烙铁头保持清洁,并保证烙铁头的尖头上始终有焊锡。焊接时,最好选用松香焊剂,以保护烙铁头不被腐蚀。氯化锌和酸性焊剂对烙铁头腐蚀性大,使烙铁头寿命缩短,不宜采用。烙铁应放在烙铁架上,应轻拿轻放,决不要将烙铁上的锡乱抛。焊接时经常用湿布或浸水海绵擦拭烙铁头,以便烙铁头良好地挂锡并防止残留助焊剂腐蚀烙铁头。

2. 吸锡器(图1-136)

使用方法如下。

(1)先把吸锡器活塞向下压至卡住。

(2)用电烙铁加热焊点至焊料熔化。

(3)移开电烙铁的同时,迅速把吸锡器咀贴上焊点,并按动吸锡器按钮。

(4)一次吸不干净,可重复操作多次。

图1-136 吸锡器使用示例

使用技巧如下。

1)手动吸锡器

(1)要确保吸锡器活塞密封良好。通电前,用手指堵住吸锡器器头的小孔,按下按钮,如活塞不易弹出到位,说明密封是好的。

(2)吸锡器头的孔径有不同尺寸,要选择合适的规格使用。

(3)吸锡器头用旧后,要适时更换新的。

(4)接触焊点以前,改善焊锡的流动性。

(5)头部接触焊点的时间稍长些,当焊锡融化后,以焊点针脚为中心,手向外按顺时针方向画一个圆圈之后,再按动吸锡器按钮。

2)电动吸锡器

焊锡尚未充分熔化,则可能会造成引脚处有残留焊锡。遇到此类情况时,应在该引脚处补上少许焊锡,然后再用吸锡,从而将残留的焊锡清除。

根据元器件引脚的粗细,可选用不同规格的吸锡。标准的锡头内孔直径为1mm、外径为2.5mm。若元器件引脚间距较小,应选用内孔直径为0.8mm、外径为1.8mm的吸锡头。若焊点大、引脚粗,可选用内孔直径为1.5~2.0mm的吸锡头。

吸锡器在使用一段时间后必须清理,否则内部活动的部分或头部会被焊锡卡住。清理的方式随着吸锡器的不同而不同,不过大部分都是将吸锡头拆下来,再分别清理。

1.7.3 注意事项

1. 电烙铁

(1)一般电烙铁的工作电压是220V,使用时一定要注意安全,经常检查电烙铁的电源线有否损坏,如有损坏应及时更换或用绝缘胶布包好损伤处。

(2) 电烙铁需安装接地线配三芯插头,使其外壳良好接地,确保安全。

(3) 定期检测电烙铁温度及接地线应达到要求。

(4) 发现烙铁柄松动要及时拧紧,否则容易把电源线与烙铁芯的引出线柱之间的连接线头绞断,发生脱落或短路;发现烙铁头松动要及时紧固;不准甩动使用中的电烙铁,以免焊锡溅出伤人。

(5) 更换烙铁芯时,要注意电烙铁内部的三根线,其中一根是接地线,该接地线是与三芯插头及外壳相连的,不可接错;长时间不使用电烙铁,应取下电源插头,而切断电源。

(6) 新电烙铁初次使用或新更换烙铁头时,应先在电烙铁头上搪上一层锡;电烙铁使用一段时间后,应取下烙铁头,去掉烙铁头与传热筒接触部分的氧化层,再将烙铁头装上,避免时间长取不下烙铁头,防止烙铁头卡死在壳体内。

(7) 烙铁头应经常保持清洁,使用时应在石棉毡等织物上擦几下,以除去氧化层或污物,否则影响焊接,且石棉毡等应保持湿润。

(8) 根据焊接对象合理使用不同类型的电烙铁。

(9) 使用时注意不要碰到导线等物。

电烙铁使用时的处理:一把新烙铁不能拿来就用,必须先对烙铁头处理后才能正确使用,也就是使用前先给烙铁头渡上一层锡。具体的方法是:首先用挫把烙铁头按需要锉成一定的形状,然后接上电源,当烙铁头的温度上升到能熔锡时,将松香涂在烙铁头上,等松香冒烟后再涂上一层焊锡,如此进行 2 ~ 3 次,使烙铁头的刃面上挂上一层锡就可以使用了。

当烙铁头使用一段时间后,烙铁头的刀面及其周围就产生一层氧化物,这样便产生“吃锡”困难的现象,此时可锉去氧化层,重新镀上焊锡。

烙铁头的长度可以调整。选择合适电烙铁功率后,已基本满足焊接温度的需要,但仍不能完全适应印制电路板中所有元器件的需求。如焊接集成电路和晶体管时,烙铁头的温度不能太高,且时间不宜过长,此时可适当调整烙铁头在烙铁心里的长度,进一步控制烙铁头的温度。

电烙铁不宜长时间通电而不使用,因为这样容易使烙铁心加速氧化而烧断,同时也使烙铁头长时间加热而氧化,甚至被烧“死”不再“吃锡”。

焊接时电烙铁接通电源后等一会儿烙铁头的颜色会变,证明烙铁发热了,涂上助焊剂,然后用焊锡丝放在烙铁头上给烙铁头上均匀地镀上锡,是烙铁不易被氧化,在使用中,应使烙铁头保持清洁,并保证烙铁头的尖头上始终有焊锡。焊接时,最好选用松香焊剂,以保护烙铁头不被腐蚀。氯化锌和酸性焊剂对烙铁头腐蚀性大,使烙铁头寿命缩短,不宜采用。烙铁应放在烙铁架上,应轻拿轻放,决不要将烙铁上的锡乱抛。焊接时经常用湿布或浸水海绵擦拭烙铁头,以便烙铁头良好地挂锡并防止残留助焊剂腐蚀烙铁头。

电烙铁的常见故障及其维护如下。

电烙铁在使用过程中常见的故障有:电烙铁通电后不热、烙铁头不“吃锡”、烙铁头带电等。下面以内热式 20 W 电烙铁为例加以说明。

(1) 电烙铁通电后不热:遇到此故障时可以用万用表的欧姆挡测量插头的两端,如果表针不动,说明有断路故障。当插头本身没有断路故障时,即可卸下胶木柄,再用万用表测量烙铁心的两根引线,如果表针不动,说明烙铁心损坏,加更换新的烙铁心。如果测得烙铁心两根引线之间的阻值为 2.5kΩ 左右,说明烙铁心是好的,故障出现在电源引线及插头上,多数故障为引线断路。插头件的接点断开,可进一步用万用表的 R×1 档测旦引线的电阻值,便可发现问题。

更换烙铁心的方法是:将固定烙铁心的引线螺丝松开,将引线卸下。把烙铁心从连接杆中取出,然后将新的同规格的烙铁心插入连接杆,将引线固定在螺丝上,并注意将烙铁心的多余引线头剪掉、以防止两根引线短路。

当测量插头的两端时,如果万用表的表针指示接近0Ω,说明有短路故障,故障点多为插头内短路,或者是防止电源引线转动螺丝脱落,致使接在烙铁心引线柱上的电源线断开而发生短路。当发现短路故障时应及时处理,不能再次通电,以免烧坏保险丝。

(2)烙铁头带电:烙铁头带电可能是电源线错接在接地线接线柱上外,还可能是电源线从烙铁心接线螺丝上脱落后,又碰到了接地线的螺丝上,从而造成烙铁头带电。这种故障员容易造成触电事故,并损坏元器件,因此应随时检查压线螺丝是否松动或丢失并及时配备好。

(3)烙铁头不"吃锡":烙铁头经长时间使用后,就会因氧化而不沾锡,这就是烧死现象,也称为不"吃锡"。当出现不"吃锡"的情况时,可用细砂纸或锉刀将烙铁头重新打磨或锉出新茬,然后重新镀上焊锡就可以继续使用。

(4)烙铁头出现凹坑:烙铁头使用一段时间后,就会出现凹坑或氧化腐蚀层,使烙铁头的刃面形状发生变化。遇到这种情况时,可用锉刀将氧化层或凹坑锉掉。锉成原来的形状,然后镀上锡,就可继续使用。

焊接注意事项如下。

线路焊接时,时间不能太长也不能太短,时间过长容易损坏电路板,而时间太短焊则不能充分融化,造成焊点不光滑不牢固,还可能产生虚焊,一般来说最恰当的时间为 1.5~4s。

集成电路应最后焊接,电烙铁要可靠接地,或断电后利用余热焊接,或者使用集成电路专用插座,焊好插座后再把集成电路插上去。

第 2 章　机械结构制作

2.1　材料介绍

2.1.1　金属材料

1）金属材料的定义

金属材料是指金属元素或以金属元素为主构成的具有金属特性的材料的统称。包括纯金属、合金、金属材料金属间化合物和特种金属材料等。（注：金属氧化物（如氧化铝）不属于金属材料）。

2）金属材料的分类

（1）按化学成分分类，可分为碳素钢、低合金钢和合金钢。

（2）按主要质量等级分类，可分为普通碳素钢、优质碳素钢和特殊质量碳素钢。

（3）普通低合金钢、优质低合金钢和特殊质量低合金钢。

（4）普通合金钢、优质合金钢和特殊质量合金钢。

3）金属材料的机械特性

金属材料的性能一般分为工艺性能和使用性能两类。所谓工艺性能是指机械零件在加工制造过程中，金属材料在所定的冷、热加工条件下表现出来的性能。金属材料工艺性能的好坏，决定了它在制造过程中加工成形的适应能力。由于加工条件不同，要求的工艺性能也就不同，如铸造性能、可焊性、可锻性、热处理性能、切削加工性等。所谓使用性能是指机械零件在使用条件下，金属材料表现出来的性能，它包括机械性能、物理性能、化学性能等。金属材料使用性能的好坏，决定了它的使用范围与使用寿命。

在机械制造业中，一般机械零件都是在常温、常压和非强烈腐蚀性介质中使用的，且在使用过程中各机械零件都将承受不同载荷的作用。金属材料在载荷作用下抵抗破坏的性能，称为机械性能（或称为力学性能）。

金属材料的机械性能是零件的设计和选材时的主要依据。外加载荷性质不同（例如拉伸、压缩、扭转、冲击、循环载荷等），对金属材料要求的机械性能也将不同。常用的机械性能包括强度、塑性、硬度、冲击韧性、多次冲击抗力和疲劳极限等。下面将分别讨论各种机械性能。

（1）强度。

强度是指金属材料在静荷作用下抵抗破坏（过量塑性变形或断裂）的性能。由于载荷的作用方式有拉伸、压缩、弯曲、剪切等形式，所以强度也分为抗拉强度、抗压强度、抗弯强度、抗剪强度等。各种强度间常有一定的联系，使用中一般较多以抗拉强度作为最基本的强度指针。

（2）塑性。

塑性是指金属材料在载荷作用下,产生塑性变形(永久变形)而不破坏的能力。

（3）硬度。

硬度是衡量金属材料软硬程度的指针。目前生产中测定硬度方法最常用的是压入硬度法,它是用一定几何形状的压头在一定载荷下压入被测试的金属材料表面,根据被压入程度来测定其硬度值。常用的方法有布氏硬度(HB)、洛氏硬度(HRA、HRB、HRC)和维氏硬度(HV)等方法。

（4）疲劳。

前面所讨论的强度、塑性、硬度都是金属在静载荷作用下的机械性能指针。实际上,许多机器零件都是在循环载荷下工作的,在这种条件下零件会产生疲劳。

（5）冲击韧性。

以很大速度作用于机件上的载荷称为冲击载荷,金属在冲击载荷作用下抵抗破坏的能力叫做冲击韧性。

4）金属材料的适用场合

生活方面应用如下。

（1）炊具。

从烤制烤鸭的烤炉,到烤面包的烤箱,再到我们吃时用的刀叉,无一不是金属制成的;各种各样的炒锅,炉灶,抽油烟机等炊具,也无一不是金属制成的。

（2）易拉罐。

大部分易拉罐为铝制或钢制,作为啤酒和碳酸饮料的包装形式极其方便。当代社会对易拉罐的回收和再利用至关重要。

（3）铝箔真空包装。

铝箔袋包装通常指的是铝塑复合真空包装袋,此类产品具有良好的隔水、隔氧功能。可以量体定做多种样式。

工业方面应用如下。

（1）航空航天。

铝合金:比模量与比强度高、耐腐蚀性能好、加工性能好、成本低廉等,被认为是航空航天工业中用量最大的金属结构材料。主要用作航空航天结构的承载结构。

钛合金:与铝、镁、钢等金属材料相比,钛合金具有比强度很高、抗腐蚀性能良好、抗疲劳性能良好、热导率和线膨胀系数小等优点,可以在350~450℃以下长期使用,可使用的最低温度为-196℃。用于航空发动机的压气机叶片、机匣以及机体主承力构件。

高温合金:用于航天领域的高温合金中以镍基高温合金应用最为广泛,常用做航天发动机涡轮盘和叶片的材料。

超高强度钢:超高强度钢具有很高的抗拉强度和足够的韧性,并且有良好的焊接性和成形性。飞机起落架、火箭发动机壳体、发动机喷管和各级助推器。

（2）汽车。

铝合金:代替钢铁降低汽车自重,全铝轿车全新的轻量化结构,使车身重量比传统钢制车身轻40%以上。

镁:镁是一种轻质的银白色金属,在镁材中添加一些其他的金属元素,例如铝、锌或者铝、锰等,它就会改变了自己的特征,变成了一种具有较高强度和刚度,具有良好铸造性能和减振性能的轻质合金材料,这些镁合金材料在现代汽车中已得到广泛的应用。用于车上的座椅骨架、仪表盘、转向盘和转向柱、轮圈、发动机气缸盖、变速器壳、离合器壳等零件,其中转向盘和转向柱、轮圈是应用镁合金较多的零件。

医学方面应用如下。

钛合金:人造关节、骨架。

其他:口腔(补牙、正歧)。

2.1.2 高分子材料

1)高分子材料的定义

高分子材料:以高分子化合物为基础的材料。高分子材料是由相对分子质量较高的化合物构成的材料,通常分子量大于10000,包括橡胶、塑料、纤维、涂料、胶粘剂和高分子基复合材料,高分子是生命存在的形式。所有的生命体都可以看作是高分子的集合体。

2)高分子材料的分类

(1)按来源分类。

高分子材料按来源分为天然、半合成(改性天然高分子材料)和合成高分子材料。

天然高分子是生命起源和进化的基础。人类社会一开始就利用天然高分子材料作为生活资料和生产资料,并掌握了其加工技术。如利用蚕丝、棉、毛织成织物,用木材、棉、麻造纸等。19世纪30年代末期,进入天然高分子化学改性阶段,出现半合成高分子材料。1870年,美国人Hyatt用硝化纤维素和樟脑制得的赛璐珞塑料,是有划时代意义的一种人造高分子材料。1907年出现合成高分子酚醛树脂,真正标志着人类应用化学合成方法有目的的合成高分子材料的开始。1953年,德国科学家Zieglar和意大利科学家Natta,发明了配位聚合催化剂,大幅度地扩大了合成高分子材料的原料来源,得到了一大批新的合成高分子材料,使聚乙烯和聚丙烯这类通用合成高分子材料走人了千家万户,确立了合成高分子材料作为当代人类社会文明发展阶段的标志。

现代,高分子材料已与金属材料、无机非金属材料相同,成为科学技术、经济建设中的重要材料。

(2)按应用分类。

高分子材料按特性分为橡胶、纤维、塑料、高分子胶粘剂、高分子涂料和高分子基复合材料等。

高聚物根据其机械性能和使用状态可分为上述几类。但是各类高聚物之间并无严格的界限,同一高聚物,采用不同的合成方法和成型工艺,可以制成塑料,也可制成纤维,比如尼龙就是如此。而聚氨酯一类的高聚物,在室温下既有玻璃态性质,又有很好的弹性,所以很难说它是橡胶还是塑料。

(3)按高分子主链结构分类。

①碳链高分子:分子主链由C原子组成,如:PP、PE、PVC。

②杂链高聚物:分子主链由C、O、N、P等原子构成。如:聚酰胺、聚酯、硅油。

③元素有机高聚物:分子主链不含C原子,仅由一些杂原子组成的高分子。如:硅橡胶。

（4）其他分类。

按高分子主链几何形状分类:线型高聚物,支链型高聚物,体型高聚物。按高分子排列情况分类:结晶高聚物,非晶高聚物。

3）高分子材料的特点

高分子材料的结构决定其性能,对结构的控制和改性,可获得不同特性的高分子材料。高分子材料独特的结构和易改性、易加工特点,使其具有其他材料不可比拟、不可取代的优异性能,从而广泛用于科学技术、国防建设和国民经济各个领域,并已成为现代社会生活中衣食住行用各个方面不可缺少的材料。很多天然材料通常是高分子材料组成的,如天然橡胶、棉花、人体器官等。人工合成的化学纤维、塑料和橡胶等也是如此。一般称在生活中大量采用的,已经形成工业化生产规模的高分子为通用高分子材料,称具有特殊用途与功能的为功能高分子。

4）高分子材料的应用

（1）塑料。

塑料根据加热后的情况又可分为热塑性塑料和热固性塑料。

加热后软化,形成高分子熔体的塑料称为热塑性塑料。主要的热塑性塑料有聚乙烯（PE）、聚丙烯（PP）、聚苯乙烯（PS）、聚甲基丙烯酸甲酯（PMMA,俗称有机玻璃）、聚氯乙烯（PVC）、尼龙（Nylon）、聚碳酸酯（PC）、聚氨酯（PU）、聚四氟乙烯（特富龙,PTFE）、聚对苯二甲酸乙二醇酯（PET,PETE）。加热后固化,形成交联的不熔结构的塑料称为热固性塑料。常见的有环氧树脂[11]、酚醛塑料、聚酰亚胺、三聚氰氨、甲醛树脂等。塑料的加工方法包括注射、挤出、膜压、热压、吹塑等。

（2）橡胶。

橡胶又可以分为天然橡胶和合成橡胶。天然橡胶的主要成分是聚异戊二烯。合成橡胶的主要品种有丁基橡胶、顺丁橡胶、氯丁橡胶、三元乙丙橡胶、丙烯酸酯橡胶、聚氨酯橡胶、高分子材料、硅橡胶、氟橡胶等。

（3）合成纤维。

合成纤维是高分子材料的另外一个重要应用。常见的合成纤维包括尼龙、涤纶、腈纶聚酯纤维,芳纶纤维等。

（4）涂料。

涂料是涂附在工业或日用产品表面起美观或这保护作用的一层高分子材料,常用的工业涂料有环氧树脂,聚氨酯等。

（5）黏合剂。

黏合剂是另外一类重要的高分子材料。人类在很久以前就开始使用淀粉、树胶等天然高分子材料做黏合剂。现代黏合剂通过其使用方式可以分为聚合型,如环氧树脂;热融型,如尼龙、聚乙烯;加压型,如天然橡胶;水溶型,如淀粉。

2.1.3 复合材料

1）复合材料的定义

复合材料（composite materials）是由两种或两种以上不同性质的材料,通过物理或化学的方法,在宏观上组成具有新性能的材料。各种材料在性能上互相取长补短,产生协同效应,使复合材料的综合性能优于原组成材料而满足各种不同的要求。复合材料的基体材料分为金属和非金属两大类,金属基体常用的有铝、镁、铜、钛及其合金;非金属基体主要有合成树脂、橡胶、陶瓷、石墨、碳等。增强材料主要有玻璃纤维、碳纤维、硼纤维、芳纶纤维、碳化硅纤维、石棉纤维、晶须、金属丝和硬质细粒等。

2)复合材料的分类

按基体材料的不同,先进复合材料可分为树脂基复合材料、金属基复合材料、碳基复合材料、陶瓷基复合材料;按增强剂不同,可分为纤维增强复合材料、晶须增强复合材料等。按功能又可分为导电复合材料、导磁复合材料、阻尼复合材料、屏蔽复合材料等。

军事上应用较广的先进复合材料主要有以下几种。

(1)树脂基纤维复合材料是以纤维为增强剂、以树脂为基体的复合材料,所用的纤维有碳纤维、芳纶纤维、超高模量聚乙烯纤维等,基体主要是环氧树脂等有机材料。这类材料既可制作结构件,又可制作功能件及结构功能件。如芳纶纤维增强塑料可作为复合甲材料,有较强的防护力;碳纤维增强塑料可用于制造雷达天线,具有质量轻、刚度高、耐腐蚀等优点。

(2)陶瓷基复合材料和碳/碳复合材料属于耐热结构复合材料。陶瓷基复合材料特点有密度低、抗氧化、耐热、比强度和比模量高,工作温度在1250~1650℃。碳/碳复合材料的耐热也很好,能在1650℃以上的高温使用。这两种材料都可用作高温发动机的部件。

(3)功能复合材料是指将具有电、声、光、热、磁特性的材料,按不同的应用进行组合匹配,得到不仅保持原有特性,还产生一些新特性或具有比原来更优越特性的材料。例如,通过向高孔率压电陶瓷中灌注有机聚合物制作的压电材料,可有效地提高探测器的灵敏度,增大探测距离。正在研究的新型功能复合材料还有:柔性薄膜红外热释电复合材料、折射率和反射率可变的复合材料、热-湿敏复合材料、磁性复合材料、屏蔽复合材料和导电复合材料。

3)复合材料的机械性能

复合材料中以纤维增强材料应用最广、用量最大。其特点是比重小、比强度和比模量大。例如碳纤维与环氧树脂复合的材料,其比强度和比模量均比钢和铝合金大数倍,还具有优良的化学稳定性、减摩耐磨、自润滑、耐热、耐疲劳、耐蠕变、消声、电绝缘等性能。石墨纤维与树脂复合可得到膨胀系数几乎等于零的材料。纤维增强材料的另一个特点是各向异性,因此可按制件不同部位的强度要求设计纤维的排列。以碳纤维和碳化硅纤维增强的铝基复合材料,在500℃时仍能保持足够的强度和模量。碳化硅纤维与钛复合,不但钛的耐热性提高,且耐磨损,可用作发动机风扇叶片。碳化硅纤维与陶瓷复合,使用温度可达1500℃,比超合金涡轮叶片的使用温度(1100℃)高得多。碳纤维增强碳、石墨纤维增强碳或石墨纤维增强石墨,构成耐烧蚀材料,已用于航天器、火箭导弹和原子能反应堆中。由于非金属基复合材料密度小,用于汽车和飞机可减轻质量、提高速度、节约能源。用碳纤维和玻璃纤维混合制成的复合材料片弹簧,其刚度和承载能力与重量大5倍多的钢片弹簧相当。

4)复合材料的应用

复合材料的主要应用领域如下。

(1)航空航天领域。由于复合材料热稳定性好,比强度、比刚度高,可用于制造飞机机翼和前机身、卫星天线及其支撑结构、太阳能电池翼和外壳、大型运载火箭的壳体、发动机壳体、航天飞机结构件等。

（2）汽车工业。由于复合材料具有特殊的振动阻尼特性，可减振和降低噪声、抗疲劳性能好，损伤后易修理，便于整体成形，故可用于制造汽车车身、受力构件、传动轴、发动机架及其内部构件。

（3）化工、纺织和机械制造领域。有良好耐蚀性的碳纤维与树脂基体复合而成的材料，可用于制造化工设备、纺织机、造纸机、复印机、高速机床、精密仪器等。

（4）医学领域。碳纤维复合材料具有优异的力学性能和不吸收 X 射线特性，可用于制造医用 X 光机和矫形支架等。碳纤维复合材料还具有生物组织相容性和血液相容性，生物环境下稳定性好，也用作生物医学材料。此外，复合材料还用于制造体育运动器件和用作建筑材料等。

2.2　工具介绍

2.2.1　材料加工工具

1）切削工具

刀具是机械制造中用于切削加工的工具，又称切削工具。广义的切削工具既包括刀具，还包括磨具。绝大多数的刀具是机用的，但也有手用的。由于机械制造中使用的刀具基本上都用于切削金属材料，所以"刀具"一词一般就理解为金属切削刀具。切削木材用的刀具则称为木工刀具。整体硬质合金工具包括钻头、铣刀、铰刀、钻铰刀、镗刀、孔加工刀具等。切削工具如图 2-1 所示。

图 2-1　切削工具

（1）切削工具的分类。

按工件加工表面的形式，切削工具可分为 5 类：加工各种外表面的刀具，包括车刀、刨刀、铣刀、外表面拉刀和锉刀等；孔加工刀具，包括钻头、扩孔钻、镗刀、铰刀和内表面拉刀等；螺纹加工工具，包括丝锥、板牙、自动开合螺纹切头、螺纹车刀和螺纹铣刀等；齿轮加工刀具，包括滚刀、插齿刀、剃齿刀、锥齿轮加工刀具等；切断刀具，包括镶齿圆锯片、带锯、弓锯、切断车刀和锯片铣刀等。此外，还有组合刀具。

按切削运动方式和相应的刀刃形状,刀具又可分为3类:通用刀具,如车刀、刨刀、铣刀(不包括成形的车刀、成形刨刀和成形铣刀)、镗刀、钻头、扩孔钻、铰刀和锯等;成形刀具,这类刀具的刀刃具有与被加工工件断面相同或接近相同的形状,如成形车刀、成形刨刀、成形铣刀、拉刀、圆锥铰刀和各种螺纹加工刀具等;展成刀具是用展成法加工齿轮的齿面或类似的工件,如滚刀、插齿刀、剃齿刀、锥齿轮刨刀和锥齿轮铣刀盘等。

(2)切削工具的结构。

刀具工作部分的结构有整体式、焊接式和机械夹固式3种:整体结构是在刀体上做出切削刃;焊接结构是把刀片钎焊到钢的刀体上;机械夹固结构又有两种,一种是把刀片夹固在刀体上,另一种是把钎焊好的刀头夹固在刀体上。硬质合金刀具一般制成焊接结构或机械夹固结构;瓷刀具都采用机械夹固结构。

(3)切削工具的选择。

在选择刀具的角度时,需要考虑多种因素的影响,如工件材料、刀具材料、加工性质(粗、精加工)等,必须根据具体情况合理选择。通常讲的刀具角度,是指制造和测量用的标注角度在实际工作时,由于刀具的安装位置不同和切削运动方向的改变,实际工作的角度和标注的角度有所不同,但通常相差很小。

制造刀具的材料必须具有很高的高温硬度和耐磨性,必要的抗弯强度、冲击韧性和化学惰性,良好的工艺性(切削加工、锻造和热处理等),并不易变形。通常当材料硬度高时,耐磨性也高;抗弯强度高时,冲击韧性也高。但材料硬度越高,其抗弯强度和冲击韧性就越低。高速钢因具有很高的抗弯强度和冲击韧性,以及良好的可加工性,现在仍是应用最广的刀具材料,其次是硬质合金。聚晶立方氮化硼适用于切削高硬度淬硬钢和硬铸铁等;聚晶金刚石适用于切削不含铁的金属,及合金、塑料和玻璃钢等;碳素工具钢和合金工具钢现在只用作锉刀、板牙和丝锥等工具。

2)钻孔工具

钻孔机是指利用比目标物更坚硬、更锐利的工具通过旋转切削或旋转挤压的方式,在目标物上留下圆柱形孔或洞的机械和设备统称。也有称为钻机、打孔机、打眼机、通孔机等。通过对精密部件进行钻孔,来达到预期的效果,钻孔机有半自动钻孔机和全自动钻孔机。

(1)钻孔工具的分类。

根据应用的范围,钻孔机主要分为:钻布料的钻孔机、钻探用的钻孔机、工程钻孔机、机械加工钻孔机、精密五金钻孔机、全自动钻孔机。

手动钻孔机,包括一个手动传递机构、一个轴向进给机构、一个导向机构、一个间隙调整机构。PCB钻孔机如图2-2所示。

PCB钻孔机是应用于PCB加工过程中钻孔工艺的一种机器,PCB板在装插元件之前必须在板上钻出小孔让元件的针脚可以插入,或者使不同层面的线路上下导通(VIA)。

随着PCB板的集成度越来越高,对孔径的要求越来越"小",现在的孔径在0.1mm级别。

(2)注意事项。

根据所钻的材料选择合适的钻头或钻嘴。

根据所钻的材料调整合适的转速,转速过快,钻头发热低熔点材料会软化;转速过慢,软性的材料会发生粘连。

图 2-2　PCB 钻孔机

根据所钻的孔深和孔径,确定钻孔机的进刀次数。

钻孔机是高速旋转进刀,需要注意安全防护。

注意保证钻头的锋利程度,需要定期磨钻头或更换钻头。

对钻轴要进行定期加油润滑。

3)日常木工工具

木工工具一般都有较锋利的刃口,使用时一定要注意安全。最主要的是要掌握好各种工具的正确使用姿势和方法,例如锯割、刨削、斧劈时,都要注意身体的位置和手、脚的姿势正确。在操作木工机械时,尤其要严格遵守安全操作规程。

木工刀具需要经常修磨,尤其是刨刀、凿刀,要随时磨得锋利,才能在使用时既省力,又保证质量,所谓"磨刀不误砍柴工"就是这个过理。木工用的锯也要经常修整,要用锉刀将锯齿锉锋利,还要修整"锯路"。锯路是锯齿向锯条左右两侧有规律地倾斜而形成的。

使用完毕应将工具整理、收拾好。长期不使用时,应在工具的刃口上油,以防锈蚀。

量具及其使用方法如下。

(1)钢卷尺。

用于下料和度量部件,携带方便、使用灵活。常选用 2m、3m 或 5m 的规格。钢卷尺如图 2-3 所示。

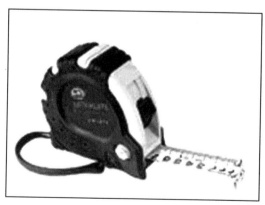

图 2-3　钢卷尺

（2）钢直尺。

一般用不锈钢制作，精度高而且耐磨损。用于榫线、起线、槽线等方面的划线。常选用 150 ~ 500mm 的型号。钢直尺如图 2 - 4 所示。

图 2 - 4　钢直尺

（3）角尺。

木工用的角尺为 90°和 45°直角，古时人们把角尺（或叫方尺）和圆规称作规矩。角尺如图 2 - 5 所示。

图 2 - 5　角尺

角尺有木制的、钢制的、铝制的。角尺是木工划线的主要工具，其规格是以尺柄与尺翼的长短比例而确定的。

角尺的直角精度一定要保护好，不能乱扔或丢放，更不能随意拿角尺敲打物件，造成尺柄和尺翼结合处松动，使角尺的垂直度发生变化不能使用。

（4）墨斗。

墨斗的原理是由墨线绕在活动的轮子上墨线经过墨斗轮子缠绕后，端头的线拴在一个定针上。使用时，拉住定针，在活动轮的转动下抽出的墨线经过墨斗沾墨，拉直墨线在木材上弹出需要加工的线。墨斗如图 2 - 6 所示。

（5）划子。

图 2-6 墨斗

划子是配合墨斗用于压墨拉线和划线的工具。取材于水牛角、锯削成刻刀样形状。把划线部分的薄刃在磨石上磨薄磨光即可使用。

好的水牛角划子蘸墨均匀、划线清晰。只要使用方法正确,立正划子划线,划子划的线误差比铅笔划线要小得多。只是后来人们逐渐使用铅笔,也有的用竹片制作划子,但误差较大,效果不是太好。

手工锯及其锯割如下。

(1)锯齿与锯路。

(2)传统手工锯的种类。

① 框锯,如图 2-7 所示,又名架锯,框锯按锯条长度及齿距不同可分为粗、中、细 3 种:粗锯主要用于锯割较厚的木料;中锯主要用于锯割薄木料或开榫头;细锯主要用于锯割较细的的木材和开榫。

② 刀锯。

③ 槽锯。

④ 板锯。

⑤ 狭手锯。

⑥ 曲线锯。

⑦ 钢丝锯。又名弓锯,它是用竹片弯成弓形,两端绷装钢丝而成,钢丝上剁出锯齿形的飞棱,利用飞棱的锐刃来锯割。钢丝长为 200~600mm,锯弓长为 800~900mm。钢丝锯主要用于锯割复杂的曲线和开孔。

(3)框锯的使用。

在使用框锯前,先用旋钮将锯条角度调整好,并用绞片将绞绳绞紧使锯条平直。框锯的使用方法有纵割和横割两种。

① 纵割法。

锯割时,将木料放在板凳上,右脚踏住木料,并与锯割线成直角,左脚站直,与锯割线成 60°,右手与右膝盖成垂直,人身与锯割线约成 45°为宜,上身微俯略为活动,但不要左仰右扑。锯割时,右手持锯,左手大拇指靠着锯片以定位,右手持锯轻轻拉推几下(先拉

118

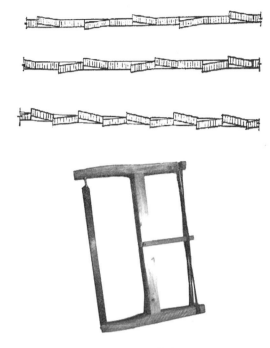

图 2 - 7 框锯

后推),开出锯路,左手即离开锯边,当锯齿切入木料 5 mm 左右时,左手帮助右手提送框锯。提锯时要轻,并可稍微抬高锯手,送锯时要重,手腕、肘肩与身腰同时用力,有节奏地进行。这样才能使锯条沿着锯割线前进。否则,纵割后的木材边缘会弯曲不直,或者锯口断面上下不一。

② 横割法。

锯割时,将木料放在板凳上,人站在木料的左后方,左手按住木料,右手持锯,左脚踏住木料,拉锯方法与纵割法相同。

使用框锯锯割时,锯条的下端应向前倾斜。纵锯锯条上端向后倾斜 75°～90°(与木料面夹角),横锯锯条向后倾斜 30°～45°。时刻要注意使锯条沿着线前进,不可偏移。锯口要直,勿使锯条左右摇摆而产生偏斜现象。木料快被锯断时,应将左手扶稳断料,锯割速度放慢,一直把木料全部锯断,切勿留下一点,任其折断或用手去扳断,这样容易损坏锯条,木料也会沿着木纹撕裂,影响质量。

(4)锯的选用与使用注意事项。

宽厚木板常用大锯;窄薄木料常用小锯;横截下料常用粗锯;榫头榫肩常用细锯;硬木和湿木要用料路大的锯子,软木和干燥的木材要用料路小的锯子。

使用时,必须要注意各类锯的安全操作方法如下。

① 框锯在使用前先用旋钮把锯条角度调整好,习惯上应与木架的平面成 45°,用铰片将绷绳绞紧,使锯条绷直拉紧;开锯路时,右手紧握锯把,左手按在起始处,轻轻推拉几下。用力不要过大;锯割时不要左右歪扭,送锯时要重,提锯时要轻,推拉的节奏要均匀;快割锯完时应将被锯下的部分用手拿稳。用后要放松锯条,并挂在牢固的位置上。

② 使用横锯时,两只手的用力要均衡,防止向用力大的一侧跑锯;纠正偏口时,应缓

慢纠偏,防止卡锯条或将锯条折断。

③使用钢丝锯时,用力不可太猛,拉锯速度不可太快,以免将钢丝绷断。拉锯时,作业者的头部不许位于弓架上端,以免钢丝折断时弹伤面部。

④应随时检查锯条的锋利程度和锯架、锯把柄的牢固程度;对锯齿变钝、斜度不均的锯条要及时修理,对绳索、螺母、旋钮、把柄及木架的损坏也应及时修整、恢复后才可继续使用。

传统木工刨及其使用方法如下。

(1)手工刨的组成。

手工刨是传统古家具制作的一种常用工具,由刨刃和刨床两部分构成。刨刃是金属锻制而成的,刨床是木制的,手工刨如图2-8所示。

图2-8 手工刨

(2)手工刨的种类。

手工刨包括常用刨和专用刨。常用刨分为中粗刨、细长刨、细短刨等。专用刨是为制作特殊工艺要求所使用的刨子,专用刨包括轴刨、线刨等。轴刨又包括铁柄刨、圆底轴刨、双重轴刨、内圆刨、外圆刨等。线刨又包括拆口刨、槽刨、凹线刨、圆线刨、单线刨等多种。

(3)手工刨的使用。

①刨刃的调整

安装刨刃时,先将刨刃与盖铁配合好,控制好两者刃口间距离,然后将它插入刨身中。刃口接近刨底,加上楔木,稍往下压,左手捏在刨底的左侧棱角中,大拇指质量捏住楔木、盖铁和刨刃,用锤校正刃口,使刃口露出刨屑槽。刃口露出多少是与刨削量成正比的,粗刨多一些,细刨少一些。检查刨刃的露出量,可用左手拿起刨来,底面向上,用单眼向后看去,就可以察觉。如果露出部分不适当,可以轻敲刨刃上端。如果露出太多,需要回进一些,就轻敲刨身尾部。如果刃口一角突出,只须轻敲刨刃同角的上端侧面即可。

②推刨要点

推刨时,左右手的食指伸出向前压住刨身,拇指压住刨刃的后部,其余各指及手掌紧捏手柄。刨身要放平,两手用力均匀。向前推刨时,两手大拇指需加大力量,两个食指略加压力,推至前端时,压力逐渐减小,至不用压力为止。退回时用手将刨身后部略微提起,以免刃口在木料面上拖磨,容易迟钝。刨长料时,应该是左脚在前,然后右脚跟上。

在刨长料前，要先看一下所刨的面是里材还是外材，一般情况里材较外材洁净，纹理清楚。如果是里材，应顺着树根到树梢的方向刨削，外材则应顺着树梢到树根的方向刨削。这样顺着木材纹理的方向，刨削比较省力。否则，容易"呛槎"，既粗糙不平，又非常费力。

下刨时，刨底应该紧贴在木料表面上，开始不要把刨头翘起，刨到端头时，不要使刨头低下（俗称磕头）。否则，刨出来的木料表面，其中间部分就会凸出不平，这是初学者的通病，必须注意纠正。

③ 刨的修理

刨刀的研磨：刨刀用久了，尤其是刨削硬质木料和有节疤的木料以后，很容易变钝或者缺口，因此需要研磨。

研磨刨刀时，用右手紧捏刨刀上端，左手的食指和中指紧压刨刀，使刨刀斜面与磨石密贴，在磨石中前后推动。磨时要勤浇水，及时冲去磨石上的泥浆，也不要总在一处磨，以保持磨石平整。刨刀与磨石间的夹角不要变动，以保证刨刀斜面平正。磨好后的刃锋，看起来是一条极细微的黑线（不应该是白线），刃口处发乌青色。刨刀斜面磨好后，将刨刀的两角在磨石上略磨几下，再将刨刀翻过来，平放在磨石上推磨二、三下，以便磨去刃部的卷口。

对于缺陷较多的刨刀，可先用粗磨石磨，后在细磨石上磨。一般的刨刃，仅用细磨石或中细磨石研磨即可。

④ 刨的维护

敲刨身时要敲尾部，不能乱敲，打楔木也不能打得太紧，以免损坏刨身。刨子用完以后，应将底面朝上，不要乱丢。如果长期不用，应将刨刀退出。在使用时不能用手指去摸刃口或随便去试其锋利与否。要经常检查刨身是否平直、底面是否光滑，如果有问题，要及时修理。

木锉刀及其使用方法如下。

合理选用锉刀，对保证加工质量、提高工作效率和延长锉刀使用寿命有很大的影响。粗齿木锉刀：粗锉刀的齿距大，齿深，不易堵塞，适宜于粗加工（即加工余量大、精度等级和表面质量要求低）及较松软木料的锉削，以提高效率。细齿木锉刀：适宜对材质较硬的材料进行加工，在细加工时也常选用，以保证加工件的准确度。

锉刀锉削方向应与木纹垂直或成一定角度，由于锉刀的齿是向前排列的，即向前推锉时处于锉削（工作）状态，回锉时处于不锉削（非工作）状态，所以推锉时用力向下压，以完成锉削，但要避免上下摇晃，回锉时不用力，以免齿磨钝。

正确握持锉刀有助于提高锉削质量，木锉刀的握法：右手心抵着锉刀木柄的端头，大拇指放在锉刀木柄的上面，其余四指弯在木柄的下面，配合大拇指捏住锉刀木柄，左手则根据锉刀的大小和用力的轻重，可有多种姿势。

使用注意事项如下。

木锉刀不能用来锉金属材料，不能作撬棒或敲击工件；放置木锉刀时，不要使其露出工作台面，以防锉刀跌落伤脚；也不能把锉刀与锉刀叠放或锉刀与量具叠放。

手工凿及其使用方法如下。

手工凿是传统木工工艺中木结构结合的主要工具，用于凿眼、挖空、剔槽、铲削的制作方面。板凿、榫凿、羊角锒头如图2-9所示。

图2-9 手工凿工具

凿的种类如下。

平凿:又称板凿,凿刃平整,用来凿方孔,规格有多种。

圆凿:有内圆凿和外圆凿两种,凿刃呈圆弧形,用来凿圆孔或圆弧形状,规格有多种。

斜刃凿:凿刃是倾斜的,用来倒棱或剔槽。

凿的使用方法如下。

打眼(又称凿孔、凿眼)前应先划好眼的墨线,木料放在垫木或工作凳上,打眼的面向上,人可坐在木料上面,如果木料短小,可以用脚踏牢。打眼时,左手紧握凿柄,将凿刃放在靠近身边的横线附近(约离横线3~5mm),凿刃斜面向外。凿要拿垂直,用斧或锤着力地敲击凿顶,使凿刃垂直进入木料内,这时木料纤维被切断,再拔出凿子,把凿子移前一些斜向打一下,将木屑从孔中剔出。以后就如此反复打凿及剔出木屑,当凿到另一条线附近时,要把凿子反转过来,凿子垂直打下,剔出木屑。当孔深凿到木料厚度一半时,再修凿前后壁,但两根横线应留在木料上不要凿去。打全眼时(凿透孔),应先凿背面,到一半深,将木料翻身,从正面打凿,这样眼的四周不会产生撕裂现象。

凿的修理方法如下。

凿子的磨砺和刨刃的磨砺方法基本一致,但因凿子的凿柄长,磨刃时要特别注意平行往复前后推拉,用力均匀,姿势正确。千万不能一上一下,使刃面形成弧形。磨好的刃,刃部锋利,刃背平直,刃面齐整明亮,不得有凸棱和凸圆出现的状况。

锤子及其使用方法如下。

木工通常使用羊角锤作敲击工具,羊角锤又可用来拔钉。通常用钉冲将钉子冲入木料中。

砂纸及其使用方法如下。

122

砂纸。可分纸干砂纸、水砂纸和砂布等。干砂纸用于磨光木件,水砂纸用于沾水打磨物件,砂布多用于打磨金属件,也可用于木结构。每一道工序所使用的砂纸目数是有工艺要求的。

为了得到光洁平整的加工面,可将砂纸包在平整的木块(或其他平面)上,并顺着纹路进行砂磨,用力要均匀先重后轻,并选择合适的砂纸进行打磨。通常先用粗砂纸,后用细砂纸。当砂纸受潮变软时,可在火上烤一下再用。

2.2.2 测量工具(游标卡尺、米尺等)

1)直尺

直尺是最简单的长度量具,用于测量零件的长度尺寸(图2-10),它的测量结果不太准确。它的最小读数值为1mm,比1mm小的数值,只能估计而得。

如果用直尺直接去测量零件的直径尺寸(轴径或孔径),则测量精度更差。其原因是:除了钢直尺本身的读数误差比较大以外,还由于钢直尺无法正好放在零件直径的正确位置。所以,零件直径尺寸的测量,也可以利用钢直尺和内外卡钳配合起来进行。

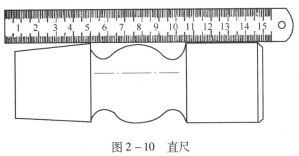

图2-10 直尺

2)游标卡尺

游标卡尺是一种常用的量具,具有结构简单、使用方便、精度中等和测量的尺寸范围大等特点,可以用它来测量零件的外径、内径、长度、宽度、厚度、深度和孔距等,应用范围很广。

(1)游标卡尺的结构型式。

测量范围为0~125mm的游标卡尺,制成带有刀口形的上下量爪和带有深度尺的型式,如图2-11所示。

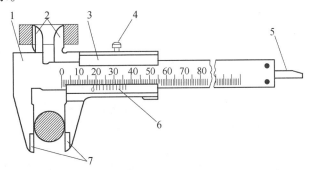

图2-11 游标卡尺的结构型式之一
1—尺身;2—上量爪;3—尺框;4—紧固螺钉;5—深度尺;6—游标;7—下量爪。

测量范围为 0~200mm 和 0~300mm 的游标卡尺,可制成带有内外测量面的下量爪和带有刀口形的上量爪的型式,如图 2-12 所示。

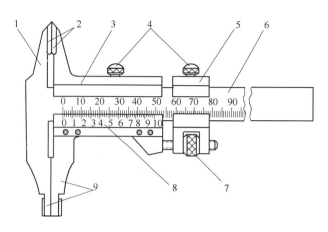

图 2-12 游标卡尺的结构型式之二
1—尺身;2—上量爪、3—尺框;4—紧固螺钉;5—微动装置;
6—主尺;7—微动螺母;8—游标;9—下量爪。

测量范围为 0~200mm 和 0~300mm 的游标卡尺,也可制成只带有内外测量面的下量爪的型式,如图 2-13 所示。而测量范围大于 300mm 的游标卡尺,只制成这种仅带有下量爪的型式。

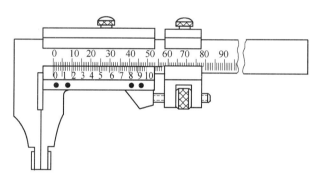

图 2-13 游标卡尺的结构型式之三

(2)游标卡尺的主要组成。

具有固定量爪的尺身,如图 2-12 中的 1。尺身上有类似钢尺一样的主尺刻度,如图 2-12 中的 6。主尺上的刻线间距为 1mm。主尺的长度决定于游标卡尺的测量范围。

具有活动量爪的尺框,如图 2-12 中的 3。尺框上有游标,如图 2-12 中的 8,游标卡尺的游标读数值可制成 0.1、0.05 和 0.02mm 的三种。游标读数值,就是指使用这种游标卡尺测量零件尺寸时,卡尺上能够读出的最小数值。

在 0~125mm 的游标卡尺上,还带有测量深度的深度尺,如图 2-11 中的 5。深度尺固定在尺框的背面,能随着尺框在尺身的导向凹槽中移动。测量深度时,应把尺身尾部的端面靠紧在零件的测量基准平面上。

测量范围等于和大于200mm的游标卡尺,带有随尺框作微动调整的微动装置,如图2-12中的5。使用时,先用固定螺钉4把微动装置5固定在尺身上,再转动微动螺母7,活动量爪就能随同尺框3做微量的前进或后退。微动装置的作用是使游标卡尺在测量时用力均匀,便于调整测量压力,减少测量误差。

(3)游标卡尺的读数原理和读数方法。

游标卡尺的最小测定单位中有0.1mm、0.05mm和0.02mm。

游标卡尺的读数机构由主尺和游标两部分组成。当活动量爪与固定量爪贴合时,游标上的"0"刻线(简称游标零线)对准主尺上的"0"刻线,此时量爪间的距离为"0"。当尺框向右移动到某一位置时,固定量爪与活动量爪之间的距离,就是零件的测量尺寸。此时零件尺寸的整数部分,可在游标零线左边的主尺刻线上读出来,而比1mm小的小数部分,可借助游标读数机构来读出。

在游标卡尺上读数时,首先要看游标零线的左边,读出主尺上尺寸的整数是多少毫米,其次是找出游标上第几根刻线与主尺刻线对准,该游标刻线的次序数乘其游标读数值,读出尺寸的小数,整数和小数相加的总值,就是被测零件尺寸的数值。

① 游标读数值为0.1mm的游标卡尺如下。

如图2-14(a)所示,主尺刻线间距(每格)为1mm,当游标零线与主尺零线对准(两爪合并)时,游标上的第10刻线正好指向等于主尺上的9mm,而游标上的其他刻线都不会与主尺上任何一条刻线对准。

游标每格间距 = 9mm ÷ 10 = 0.9mm

主尺每格间距与游标每格间距相差 = 1mm - 0.9mm = 0.1mm

0.1mm即为此游标卡尺上游标所读出的最小数值,再也不能读出比0.1mm小的数值。

当游标向右移动0.1mm时,则游标零线后的第1根刻线与主尺刻线对准。当游标向右移动0.2mm时,则游标零线后的第2根刻线与主尺刻线对准,依次类推。若游标向右移动0.5mm,如图2-14(b)所示,则游标上的第5根刻线与主尺刻线对准。由此可知,游标向右移动不足1mm的距离,虽不能直接从主尺读出,但可以由游标的某一根刻线与主尺刻线对准时,该游标刻线的次序数乘其读数值而读出其小数值。例如,图2-14(b)的尺寸即为:5 × 0.1 = 0.5(mm)。

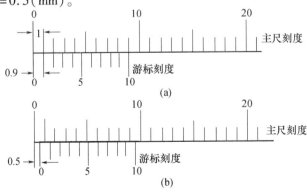

图2-14　游标读数原理

另有 1 种读数值为 0.1mm 的游标卡尺,如图 2-15(a)所示是将游标上的 10 格对准主尺的 19mm,则游标每格 = 19mm ÷ 10 = 1.9mm,使主尺 2 格与游标 1 格相差 = 2mm - 1.9mm = 0.1mm。这种增大游标间距的方法,其读数原理并未改变,但使游标线条清晰,更容易看准读数。

在图 2-15(b)中,游标零线在 2~3mm 之间,其左边的主尺刻线是 2mm,所以被测尺寸的整数部分是 2mm,再观察游标刻线,这时游标上的第 3 根刻线与主尺刻线对准。所以,被测尺寸的小数部分为 3mm × 0.1 = 0.3mm,被测尺寸即为 2mm + 0.3mm = 2.3mm。

② 游标读数值为 0.05mm 的游标卡尺如下。

如图 2-15(c)所示,主尺每小格 1mm,当两爪合并时,游标上的 20 格刚好等于主尺的 39mm,则游标每格间距 = 39mm ÷ 20 = 1.95mm

主尺 2 格间距与游标 1 格间距相差 = 2mm - 1.95mm = 0.05mm

0.05mm 即为此种游标卡尺的最小读数值。同理,也有用游标上的 20 格刚好等于主尺上的 19mm,其读数原理不变。

在图 2-15(d)中,游标零线在 32~33mm 之间,游标上的第 11 格刻线与主尺刻线对准。所以,被测尺寸的整数部分为 32mm,小数部分为 11mm × 0.05 = 0.55mm,被测尺寸为 32mm + 0.55mm = 32.55mm。

游标读数值为 0.02mm 的游标卡尺

图 2-15(e)所示,主尺每小格 1mm,当两爪合并时,游标上的 50 格刚好等于主尺上的 49mm,则

游标每格间距 = 49mm ÷ 50 = 0.98mm

主尺每格间距与游标每格间距相差 = 1 - 0.98 = 0.02(mm)

0.02mm 即为此种游标卡尺的最小读数值。

在图 2-15(f)中,游标零线在 123~124mm 之间,游标上的 11 格刻线与主尺刻线对准。所以,被测尺寸的整数部分为 123mm,小数部分为 11mm × 0.02 = 0.22mm,被测尺寸为 123mm + 0.22mm = 123.22mm。

我们希望直接从游标尺上读出尺寸的小数如部分,而不要通过上述的换算,为此,把游标的刻线次序数乘其读数值所得的数值,标记在游标上,如图 2-15 所示,这样使读数就方便了。

(4) 游标卡尺的使用操作上的注意事项。

游标卡尺在开展工作方面不仅使用频率高而且精度也比较高,为了维持精度以及延长作为工具的使用寿命,使用操作上需要注意。

① 零点的对准。

游标卡尺中,主尺的零刻度和副尺的零刻度、以及主尺的 19 刻度(也有 39 刻度的场合)和副尺的 10 刻度的线必须要正好完全一致。

② 刻度正好一致时,外测量爪和内测量爪分别是下列这样的状态。

外测量爪:使两个外测量爪紧贴在一起透过光观察时,不能从缝隙中有光漏出来。

内测量爪:在使外测量爪紧贴在一起的状态下,透过光观察内测量爪的叠合时,从缝隙中略微可以看到光是正常的。

③ 内侧的测定。

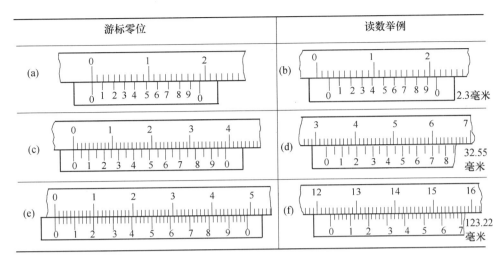

游标零位	读数举例

图 2 – 15　游标零位和读数举例

　　内侧的测定是把副尺的内测量爪放入被测定物的内侧,轻轻地移动游尺的同时,使测定面紧贴在被测定物的内侧进行测定。

　　内测量爪的正确放置方法。

　　内测量爪要尽可能深地放置(但是放置得不能比内测量爪的退回部分更深)。

　　④ 圆孔的测定方法。

　　所谓圆孔的测定就是进行直径的测量。

　　内测量爪相对于孔心必须要垂直地接触。

　　⑤ 方孔的测定方法。

　　各孔的测定和圆孔的情形相反,要在最小距离也就是接触最强的点进行测定。

　　找出最小距离的方法是把主尺内测量爪的测定面固定在方孔的测定位置,轻轻地移动游尺的同时如箭头那样进行旋转。

　　⑥ 外侧的测量。

　　测定必须要使用外测量爪的根部。

　　弯曲、磨耗的状态下进行的测定不准确。

　　游标卡尺和被测定物在呈直角的状态下进行测定。

　　目的是为了确保测定的准确。

　　⑦ 其他。

　　眼睛的位置要相对于副尺刻度呈直角。(由于在游标尺中存在厚度,所以如果斜角时,就会产生读取误差。)

　　3)游标卡尺应用举例

　　用游标卡尺测量 T 型槽的宽度、测量孔中心线与侧平面之间的距离、测量两孔的中心距离。

　　4)其他

　　高度游标卡尺、深度游标卡尺、齿厚游标卡尺。

　　5)螺旋测微器

应用螺旋测微原理制成的量具,称为螺旋测微量具。它们的测量精度比游标卡尺高,并且测量比较灵活,因此,当加工精度要求较高时多被应用。常用的螺旋读数量具有百分尺和千分尺。百分尺的读数值为0.01mm,千分尺的读数值为0.001mm。

刻度的读取方法是一开始要读取套筒的mm刻度的数值。

然后确认是否可以看见中间的刻度。如果可以看见时,要加算0.5mm。

最后用通过100除以测微套管刻度的数值进行追加。

全部加在一起的数值就是该物体的尺寸。

(1)测微器的分类。

① 外侧测微计(外侧用)。

标准型、可换砧台型、极限测微计、齿厚式齿轮测微计、螺旋测微计、直进式 BLADE 测微计、其他。

② 内侧测微计(内侧用)。

卡钳型、单体型、加长型、3点测定式测微计。

(2)测微计的测定力。

测微计不是直接旋转测微套筒,而是旋转用来保持一定测定力的棘轮挡销或者摩擦力挡销来进行测定的。

(3)测微器的读数方法。

① 读取套筒的上侧的刻度。(如图2-16所示,为14mm)

②读取套筒的下侧的刻度。(在图2-16中因为看不到,所以为0.0mm)

③读取测微套筒的刻度。(1刻度为0.01mm×10=0.10mm)

此时的尺寸为14mm+0.0mm+0.10mm=14.10mm。

如果后来习惯后,就同时读取(1)和(2)。

④ 测定物处于夹在砧台(测量头)和量杆之间的状态下进行测定。

⑤ 棘轮挡销是用来保持一定测定力的装置。

⑥ 锁紧夹子根据需要进行使用。该装置的功能作用是固定量杆的移动。

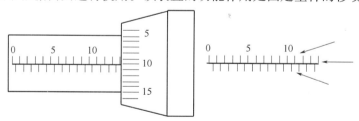

图 2-16 测微计的刻度

(4)注意事项。

① 多会读错尺寸的情况有下列原因。

没有加算0.5mm就进行测定。

一位数值时忘记了十分之一的零。

多会弄错0.45~0.50mm以及0.95~1.00mm。

套筒的刻度是以基线为界,单位为1mm,下部按照各个中间进行刻度的区分。

② 外侧测微器的零点校准。

两测定面的检查。

零点的确认。

零点的调整方法。

要进行零点确认,如果位置偏离,必须要进行零点的调整。

调整方法中有通过套筒进行调整的方法和通过测微套筒进行调整的方法。

6）其他测量工具

量块、指示式量具、角度量具(万能角度尺、游标量角器、万能角尺、带表角度尺等)、水平仪等。

2.3　组装技巧

2.3.1　元件的固定与连接

（1）刚性连接:也称固定连接,无运动。当一个元件必须与两个或两个以上的元件装配时,可用此选项。

（2）销钉连接:选取对应的轴和对应的两面(如果对应的两面不好确定,则可选择对应的基准面或者对应的点也可)确定连接。运动类型为自由度为 1 的旋转运动。

（3）滑动杆连接:选取对应的轴或对应的边和两个对应的面确定连接,运动类型为自由度为的平移运动。

（4）焊接连接:选取对应的坐标系确定连接。无运动。连接后与被选择焊接件的特征合为一体,可随着与之一起焊接的对象运动,故它为被可动元件带动的元件。

（5）球连接:选取两个互相对应的基准点确定连接。其运动类型为自由度为 3 的旋转运动,即可以选择点为基础饶任意方向旋转。

（6）轴承连接:选取元件的一个点和组件的一个轴线确定连接,其运动类型为自由度为 3 的旋转运动和自由度为 1 的平移运动。

（7）圆柱连接:选取对应的轴线确定连接,其运动类型为自由度为 1 的旋转运动自由度为 1 的平移运动。也可选择对应的边连接,或者轴与边都可连接。

（8）平面连接:选择对应的两个平面而确定连接,其运动类型为自由度为 2 的平移运动自由度为 1 的旋转运动。

（9）槽连接:选取元件的点,再选取组件的线条,如圆球的螺旋运动。

（10）常规连接:在现有组件及欲装配的组件上任意选取点线面,以搭配所需要的运动方式,如选两个轴既令元件沿着此轴做平移及旋转运动,选两个面既使元件在平面上移动及饶着平面的垂直方向旋转。

（11）6DOF:提供元件 6 个自由度,分别 xyz 旋转和平移,此连接没有任何运动的约束,因此在机构运动时,不会影响其他元件的运动。

2.3.2　系统散热

如图 2 - 17、2 - 18 所示为局部散热采用散热片或者特殊合金制成的散热板。

图 2 - 17　散热片

图 2 - 18　散热板

若发热较严重可采用耗电量较低的散热风扇,如图 2 - 19 所示。

图 2 - 19　散热风扇

整体散热可采用带有散热孔的外壳,如图2-20所示。

图2-20 带散热孔的外壳

2.3.3 抗电磁干扰

1)防电磁干扰的重要措施——滤波技术

防电磁干扰主要有3项措施,即屏蔽、滤波和接地。往往单纯采用屏蔽不能提供完整的电磁干扰防护,因为设备或系统上的电缆是最有效的干扰接收与发射天线。许多设备单台做电磁兼容实验时都没有问题,但当两台设备连接起来以后,就不满足电磁兼容的要求了,这就是电缆起了接收和辐射天线的作用。唯一的措施就是加滤波器,切断电磁干扰沿信号线或电源线传播的路径,与屏蔽共同构成完美的电磁干扰防护,无论是抑制干扰源、消除耦合或提高接收电路的抗能力,都可以采用滤波技术。

2)线上干扰的类型

线上的干扰电流按照其流动路径可以分为两类:一类是差模干扰电流;另一类是共模干扰电流。差模干扰电流是在火线和零线之间流动的干扰电流,共模干扰电流是在火线、零线与大地(或其他参考物体)之间流动的干扰电流,由于这两种干扰的抑制方式不同,因此正确辨认干扰的类型是实施正确滤波方法的前提。

共模干扰一般是由来自外界或电路其他部分的干扰电磁波在电缆与"地"的回路中感应产生的,有时由于电缆两端的接"地"电位不同,也会产生共模干扰。它对电磁兼容的危害很大,一方面,共模干扰会使电缆线向外发射出强烈的电磁辐射,干扰电路的其他部分或周边电子设备;另一方面,如果电路不平衡,在电缆中不同导线上的共模干扰电流的幅度、相位发生差异时,共模干扰则会转变成差模干扰,将严重影响正常信号的质量,所以人们都在努力抑制共模干扰。

差模干扰主要是电路中其他部分产生的电磁干扰经过传导或耦合的途径进入信号线回路,如高次谐波、自激振荡、电网干扰等。由于差模干扰电流与正常的信号电流同时、同方向在回路中流动,所以它对信号的干扰是严重的,必须设法抑制。

综上所述可知,为了达到电磁兼容的要求,对共模干扰和差模干扰都应设法抑制。

3)滤波器的分类

滤波器是由集中参数的电阻、电感和电容,或分布参数的电阻、电感和电容构成的一种网络。这种网络允许一些频率通过,而对其他频率成分加以抑制。根据要滤除的干扰信号的频率与工作频率的相对关系,干扰滤波器有低通滤波器、高通滤波器、带通滤波器、带阻滤波器等种类。

低通滤波器是最常用的一种,主要用在干扰信号频率比工作信号频率高的场合。如在数字设备中,脉冲信号有丰富的高次谐波,这些高次谐波并不是电路工作所必需的,但它们却是很强的干扰源。因此在数字电路中,常用低通滤波器将脉冲信号中不必要的高次谐波滤除掉,而仅保留能够维持电路正常工作最低频率。电源线滤波器也是低通滤波器,它仅允许 50Hz 的电流通过,对其他高频干扰信号有很大的衰减。

常用的低通滤波器是用电感和电容组合而成的,电容并联在要滤波的信号线与信号地之间(滤除差模干扰电流)或信号线与机壳地或大地之间(滤除共模干扰电流)电感串联在要滤波的信号线上。按照电路结构分,有单电容型(C 型)、单电感型、L 型和反 Γ型、T 型、π 型。

高通滤波器用于干扰频率比信号频率低的场合,如在一些靠近电源线的敏感信号线上滤除电源谐波造成的干扰。

带通滤波器用于信号频率仅占较窄带宽的场合,如通信接收机的天线端口上要安装带通滤波器,仅允许通信信号通过。

带阻滤波器用于干扰频率带宽较窄,而信号频率较宽的场合,如距离大功率电台很近的电缆端口处要安装带阻频率等于电台发射频率的带阻滤波器。

不同结构的滤波电路主要有两点不同:

(1)电路中的滤波器件越多,则滤波器阻带的衰减越大,滤波器通带与阻带之间的过渡带越短。

(2)不同结构的滤波电路适合于不同的源阻抗和负载阻抗,它们的关系应遵循阻抗失配原则。

但要注意的是,实际电路的阻抗很难估算,特别是在高频时(电磁干扰问题往往发生在高频),由于电路寄生参数的影响,电路的阻抗变化很大,而且电路的阻抗往往还与电路的工作状态有关,再加上电路阻抗在不同的频率上也不一样。因此,在实际中,哪一种滤波器有效主要由试验的结果确定。

4)滤波器的基本原理

滤波器由电感和电容组成的低通滤波电路所构成,它允许有用信号的电流通过,对频率较高的干扰信号则有较大的衰减。由于干扰信号有差模和共模两种,因此滤波器要对这两种干扰都具有衰减作用。其基本原理有 3 种:

(1)利用电容通高频隔低频的特性,将火线、零线高频干扰电流导入地线(共模),或将火线高频干扰电流导入零线(差模)。

(2)利用电感线圈的阻抗特性,将高频干扰电流反射回干扰源。

(3)利用干扰抑制铁氧体可将一定频段的干扰信号吸收转化为热量的特性,针对某干扰信号的频段选择合适的干扰抑制铁氧体磁环、磁珠直接套在需要滤波的电缆上即可。

5)电源滤波器高频插入损耗的重要性

尽管各种电磁兼容标准中关于传导发射的限制仅到 30MHz(旧军标到 50MHz,新军标到 10MHz),但是对传导发射的抑制绝不能忽略高频的影响。因为,电源线上高频传导电流会导致辐射,使设备的辐射发射超标。另外,瞬态脉冲敏感度试验中的试验波形往往包含了很高的频率成分,如果不滤除这些高频干扰,也会导致设备的敏感度试验失败。

电源线滤波器的高频特性差的主要原因有两个,一个是内部寄生参数造成的空间耦合,另一个是滤波器件的不理想性。因此,改善高频特性的方法也是从这两个方面着手,可采用如下措施。

(1) 内部结构:滤波器的连线要按照电路结构向一个方向布置,在空间允许的条件下,电感与电容之间保持一定的距离,必要时,可设置一些隔离板,减小空间耦合。

(2) 电感:按照前面所介绍的方法控制电感的寄生电容。必要时,使用多个电感串联的方式。

(3) 差模滤波电容:电容的引线要尽量短。要理解这个要求的含义,电容与需要滤波的导线(火线和零线)之间的连线尽量短。如果滤波器安装在线路板上,线路板上的走线也会等效成电容的引线。这时,要注意保证时机的电容引线最短。

(4) 共模电容:电容的引线要尽量短。对这个要求的理解和注意事项同差模电容相同。但是,滤波器的共模高频滤波特性主要靠共模电容保证,并且共模干扰的频率一般较高,因此共模滤波电容的高频特性更加重要。使用三端电容可以明显改善高频滤波效果。但是要注意三端电容的使用方法正确。即,要使接地线尽量短,而其他两根线的长短对效果几乎没有影响。必要时可以使用穿心电容,这时,滤波器本身的性能可以维持到1GHz以上。

特别提示:当设备的辐射发射在某个频率上不满足标准的要求时,不要忘记检查电源线在这个频率上的共模传导发射,辐射发射很可能是由这个共模发射电流引起的。

6) 滤波器的选择

根据干扰源的特性、频率范围、电压和阻抗等参数及负载特性的要求,适当选择滤波器,一般考虑如下几项:

(1) 要求电磁干扰滤波器在相应工作频段范围内,能满足负载要求的衰减特性,若一种滤波器衰减量不能满足要求时,则可采用多级联,可以获得比单级更高的衰减,不同的滤波器级联,可以获得在宽频带内良好衰减特性。

(2) 要满足负载电路工作频率和需抑制频率的要求,如果要抑制的频率和有用信号频率非常接近时,则需要频率特性非常陡峭的滤波器,才能满足把抑制的干扰频率滤掉,只允许通过有用频率信号的要求。

(3) 在所要求的频率上,滤波器的阻抗必须与它连接干扰源阻抗和负载阻抗相匹配,如果负载是高阻抗,则滤波器的输出阻抗应为低阻;如果电源或干扰源阻抗是低阻抗,则滤波器的输入阻抗应为高阻;如果电源阻抗或干扰源阻抗是未知的或者是在一个很大的范围内变化,很难得到稳定的滤波特性,为了获得滤波器具有良好的比较稳定的滤波特性,可以在滤波器输入和输出端同时并接一个固定电阻。

(4) 滤波器必须具有一定耐压能力,要根据电源和干扰源的额定电压来选择滤波器,使它具有足够高的额定电压,以保证在所有预期工作的条件下都能可靠地工作,能够经受输入瞬时高压的冲击。

(5) 滤波器允许通过应与电路中连续运行的额定电流一致,额定电流高了,会加大滤波器的体积和重量;额定电流低了,又会降低滤波器的可靠性。

（6）滤波器应具有足够的机械强度，结构简单、质量小、体积小、安装方便、安全可靠。

2.3.4 开关保护

1）空气开关

空气开关是我们平常的熟称，它正确的名称叫做空气断路器。

空气断路器一般为低压的，即额定工作电压为 1kV。空气断路器是具有多种保护功能的、能够在额定电压和额定工作电流状况下切断和接通电路的开关装置。它的保护功能的类型及保护方式由用户根据需要选定，如短路保护、过电流保护、分励控制、欠压保护等。其中前两种保护为空气的基本配置，后两种为选配功能。所以讲空气还能在故障状态（负载短路、负载过电流、低电压等）下切断电气回路。

2）漏电开关

漏电开关又称为剩余电流保护装置（以下简称 RCD），是一种具有特殊保护功能（漏电保护）的空气开关。

它所检测的是剩余电流，即被保护回路内相线和中性线电流瞬时值的代数和（其中包括中性线中的三相不平衡电流和谐波电流）。为此，RCD 的整定值，也即其额动作电流 $I_{\Delta n}$，只需躲开正常泄漏电流值即可，此值以 mA 计，所以 RCD 能十分灵敏地切断保护回路的接地故障，还可用作防直接接触电击的后备保护。

3）漏电保护器

漏电保护器是一种利用检测被保护电网内所发生的相线对地漏电或触电电流的大小，而作为发出动作跳闸信号，并完成动作跳闸任务的保护电器。

在装设漏电保护器的低压电网中，正常情况下，电网相线对地泄漏电流（对于三相电网中则是不平衡泄漏电流）较小，达不到漏电保护器的动作电流值，因此漏电保护器不动作。当被保护电网内发生漏电或人身触电等故障后，通过漏电保护器检测元件的电流达到其漏电或触电动作电流值时，则漏电保护器就会发生动作跳闸的指令，使其所控制的主电路开关动作跳闸，切断电源，从而完成漏电或触电保护的任务。它除了空气的基本功能外，还能在负载回路出现漏电（其泄漏电流达到设定值）时能迅速分断开关，以避免在负载回路出现漏电时对人员的伤害和对电气设备的不利影响。

4）注意事项

漏电开关不能代替空气开关。

虽然漏电开关比空气开关多了一项保护功能，但在运行过程中因漏电的可能性经常存在而会出现经常跳闸的现象，导致负载会经常出现停电，影响电气设备的持续、正常的运行。所以，一般只在施工现场临时用电或工业与民用建筑的插座回路中采用。

漏电开关也可以说是空气开关的一种，机械动作、灭弧方式都类似。但由于漏电开关保护的主要是人身，一般动作值都是毫安级。

另外，动作检测方式不同：漏电开关用的是剩余电流保护装置，它所检测的是剩余电流，即被保护回路内相线和中性线电流瞬时值的代数和（其中包括中性线中的三相不平衡电流和谐波电流）。为此，其额动作电流只需躲开正常泄漏电流值即可（毫安级），所以能十分灵敏地切断接地故障，和防直接接触电击。而空气开关就是纯粹的过电流跳闸（安级），空气开关只有过流保护和手动操作。漏电增加了漏电保护，零线不接无法起到漏电保护的作用,因为他是监测 4 根线的电流,必须正反电流抵消后等于零,如果有漏电,就不为零了,就跳了。

三相四线漏电开关也可以接三根相线当空气开关使用的,负载短路或过电流就会跳闸的。

三相四线漏电开关的零线一定要接上才能起到漏电跳闸目的,因为漏电跳闸的脱钩线圈电源是取自三相线中其中一相与零线的。

但必须注意,通常的漏电保护开关或漏电保护器只适用于工频电源,对其他电源,如直流电源、高频电源是不适用的,千万不能乱用。

第3章 入门实训

3.1 流水灯的制作

3.1.1 项目简介

  每当夜幕降临，我们可以看到大街上各式各样广告牌上漂亮的霓虹灯，看起来令人赏心悦目，为夜幕中的城市增添了不少亮丽色彩。其实这些霓虹灯的工作原理和接下来介绍的流水灯的工作原理是一样的，只不过霓虹灯的花样更多，看起来更漂亮一些。下面介绍的是用 NE555 + CD4017 实现 10 个 LED 循环显示的实验。今后当深入学习，大家可以利用单片机编程控制设计流水灯，本章第 9 节将详细讲解如何实现单片机控制。本次制作作为入门培训，旨在练习大家焊接能力，锻炼新手熟悉电路。

3.1.2 元器件清单

表 3 – 1　元器件清单

元器件清单	数　量	元器件清单	数　量
NE555	1 片	1μF 电容	1 个
CD4017	1 片	纽扣电池座	2 个
47K 欧电阻	2 个	拨动开光	1 个
100 欧电阻	1 个	LED	10 个

3.1.3 制作流程

  1）555 时钟电路

  555 时钟电路是一种应用十分广泛的模拟——数字混合式集成电路，具有定时精度高、温度漂移小、速度快、可直接与数字电路相连、结构简单、功能多、驱动电流大等优点。它的用途十分广泛，可以组成性能稳定的无稳态振荡器、单稳态触发器、双稳态 R – S 触发器和各种电子开关电路等。按图 3 – 1 所示接法可产生占空比为百分之五十的时钟信号。

  频率 $f = 1.44 / (R1 + 2 R2) * C1$。

  2）CD4017 十进制计数器

  CD4017 是 5 位 Johnson 计算器，具有 10 个译码输出端，CP，CR，INH 输入端。时钟输入端的斯密特触发器具有脉冲整形功能，对输入时钟脉冲上升和下降时间无限制。INH 为低电平时，计算器在时钟上升沿计数；反之，计数功能无效。CR 为高电平时，计数器清零。Johnson 计数器，提供了快速操作，2 输入译码选通和无毛刺译码输出。防锁选通，保证了正确的计数顺序。译码输出一般为低电平，只有在对应时钟周期内保持高电平。在

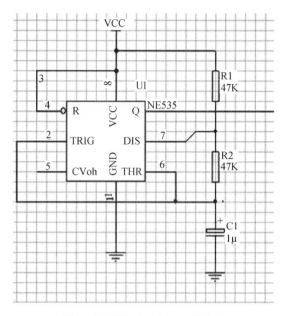

图 3 - 1 555 时钟电路常见接法

每 10 个时钟输入周期 CO 信号完成一次进位,并用作多级计数链的下级脉动时钟。

在 CD4017 的第 14 脚 CLK 端接由 555 时基电路产生的时钟信号后,CD4017 的十个输出端输出时序图 3 - 2 所示。

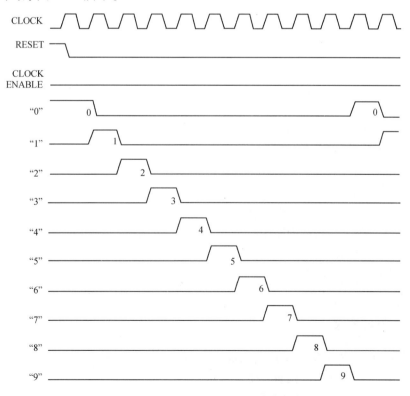

图 3 - 2 CD4017 的十个输出端输出时序

在 CD4017 10 个输出端接上 10 个发光二极管即可实现 LED 发光二极管轮流点亮和熄灭,如图 3 - 3 所示。

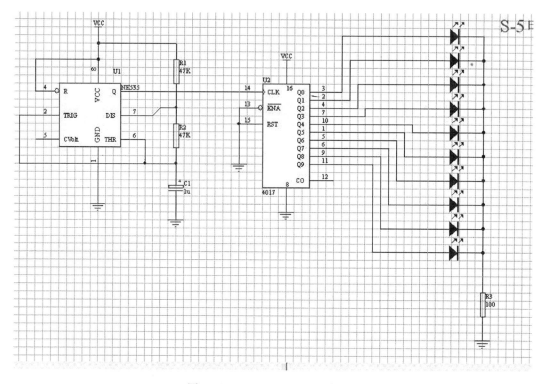

图 3 - 3   NE555 + CD4017 原理图

3.1.4   调试及故障分析

在正确按照电路焊接后,接上 5 V 电源,注意正负极不要接反了,便可看到流水灯的效果。

故障分析如下。

(1)焊接时注意某些引脚的虚焊问题。

(2)焊接时注意不要将 LED 的两极焊反了,一般 LED 引脚"长正短负"。

(3)NE555 与 CD4017 芯片注意不要装反,把握芯片"缺口"与"黑点"头为基准,否则易烧掉芯片。

(4)焊接电阻电容前,一定要自己先学会用万用表测电阻大小,不要焊接出现电阻大小与实际不一。

3.1.5   小结与思考

本实验是用 NE555 和 CD4017 搭建的流水灯,其中没有涉及到任何编程,对于新生学习焊接技术和硬件电路的搭建有很大的帮助。

思考:如何用最简单的方式改变流水灯闪烁的频率?

3.2 小功率继电器模块的制作

3.2.1 项目简介

继电器是一种电子控制器件,它具有控制系统(又称输入回路)和被控制系统(又称输出回路),通常应用于自动控制电路中,它实际上是用较小的电流去控制较大电流的一种"自动开关"。故在电路中起着自动调节、安全保护、转换电路等作用。

3.2.2 元器件清单

小功率继电器	1 个
二极管 1N4007	1 个
三极管 8050(NPN)	1 个
2K 电阻	1 个

3.2.3 制作流程

1)电磁继电器的工作原理和特性

电磁式继电器一般由铁芯、线圈、衔铁、触点簧片等组成的。只要在线圈两端加上一定的电压,线圈中就会流过一定的电流,从而产生电磁效应,衔铁就会在电磁力吸引的作用下克服返回弹簧的拉力吸向铁芯,从而带动衔铁的动触点与静触点(常开触点)吸合。当线圈断电后,电磁的吸力也随之消失,衔铁就会在弹簧的反作用力返回原来的位置,使动触点与原来的静触点(常闭触点)吸合。这样吸合、释放,从而达到了在电路中的导通、切断的目的。对于继电器的"常开、常闭"触点,可以这样来区分:继电器线圈未通电时处于断开状态的静触点,称为"常开触点";处于接通状态的静触点称为"常闭触点"。

2)继电器主要产品技术参数

(1)额定工作电压。

是指继电器正常工作时线圈所需要的电压。根据继电器的型号不同,可以是交流电压,也可以是直流电压。

(2)直流电阻。

是指继电器中线圈的直流电阻,可以通过万能表测量。

(3)吸合电流。

是指继电器能够产生吸合动作的最小电流。在正常使用时,给定的电流必须略大于吸合电流,这样继电器才能稳定地工作。而对于线圈所加的工作电压,一般不要超过额定工作电压的 1.5 倍,否则会产生较大的电流而把线圈烧毁。

(4)释放电流。

是指继电器产生释放动作的最大电流。当继电器吸合状态的电流减小到一定程度时,继电器就会恢复到未通电的释放状态。这时的电流远远小于吸合电流。

(5)触点切换电压和电流。

是指继电器允许加载的电压和电流。它决定了继电器能控制电压和电流的大小,使用时不能超过此值,否则很容易损坏继电器的触点。

3)继电器的选用

(1)先了解必要的条件如下。

① 控制电路的电源电压,能提供的最大电流;

② 被控制电路中的电压和电流;

③ 被控电路需要几组、什么形式的触点。选用继电器时,一般控制电路的电源电压可作为选用的依据。控制电路应能给继电器提供足够的工作电流,否则继电器吸合是不稳定的。

(2)查阅有关资料确定使用条件后,可查找相关资料,找出需要的继电器的型号和规格号。若手头已有继电器,可依据资料核对是否可以利用。最后考虑尺寸是否合适。

(3)注意器具的容积。

若是用于一般用电器,除考虑机箱容积外,小型继电器主要考虑电路板安装布局。对于小型电器,如玩具、遥控装置则应选用超小型继电器产品。

(4)常用继电器应用原理图如图3-4所示。

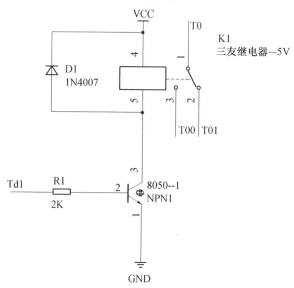

图3-4 继电器模块原理图

3.2.4 调试及故障分析

1)测触点电阻

用万能表的电阻档,测量常闭触点与动点电阻,其阻值应为0Ω;而常开触点与动点的阻值就为无穷大。由此可以区别出那个是常闭触点,那个是常开触点。

2)测线圈电阻

可用万能表R×10Ω档测量继电器线圈的阻值,从而判断该线圈是否存在着开路现象。

3)测量吸合电压和吸合电流

找来可调稳压电源和电流表,给继电器输入一组电压,且在供电回路中串入电流表进行监测。慢慢调高电源电压,听到继电器吸合声时,记下该吸合电压和吸合电流。为求准确,可以试多几次而求平均值。

4)测量释放电压和释放电流

也是像上述那样连接测试,当继电器发生吸合后,再逐渐降低供电电压,当听到继电器再次发生释放声音时,记下此时的电压和电流,亦可尝试多几次而取得平均的释放电压和释放电流。一般情况下,继电器的释放电压约为吸合电压的10%～50%,如果释放电压太小(小于1/10的吸合电压),则不能正常使用了,这样会对电路的稳定性造成威胁,工作不可靠。

3.2.5 小结与思考

继电器是具有隔离功能的自动开关元件,广泛应用于遥控、遥测、继电器通信、自动控制、机电一体化及电力电子设备中,是最重要的控制元件之一。

3.3 电动机驱动 L298 的操作

3.3.1 项目简介

L298N 是 ST 公司生产的一种高电压、大电流电动机驱动芯片。内含两个 H 桥的高电压大电流全桥式驱动器,可以用来驱动直流电动机和步进电动机、继电器线圈等感性负载;使用 L298N 芯片驱动电动机时,该芯片可以驱动一台两相步进电动机或四相步进电动机,也可以驱动两台直流电动机。该驱动在循迹小车等电子、控制制作中得到广泛应用。

那在电路中为什么要加入 L298N 驱动电路呢? 因为电动机工作电流一般小到几百毫安,大到几安,而在单片机控制电路中,单片机输出控制电流仅有十几毫安,一些低能耗单片机甚至更低。这样一来,为了驱动电动机,我们只有在两者之间加上驱动电路来放大控制电流,更好控制电动机。而 L298N 制作的电动机驱动其稳定性与实用性,在各种电子设计大赛亦或某些控制领域上的应用是相当广的。

3.3.2 元器件清单

L298N	1 片
104 电容	2 个
二极管 1N4007	8 个

3.3.3 制作流程

L298N 是一款承受高压大电流的全桥型直流/步进电压驱动器。电动机控制芯片 L298N 及其引脚排列如图 3 - 5 所示。

电动机控制逻辑如下:以电动机 M1 为例,当使能端 EN A 为高电平时,输入引脚 IN1 为高电平,IN2 为低电平,电动机 A 反转;如果使能 EN A 为高电平,输入引脚 IN1 为低电

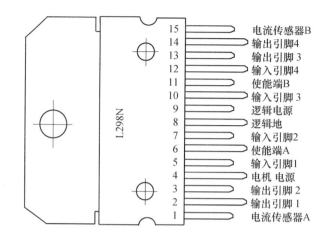

图 3 – 5　电动机控制芯片 L298N 的引脚排列

平,IN2 为高电平,电动机正转。表 3 – 2 为电动机驱动 EN A/B 的控制逻辑。

表 3 – 2　电动机驱动 A/B 的控制逻辑

输入信号			电动机运动方式
使能端 EN A/B	输入引脚 IN1/3	输入引脚 IN2/4	
1	1	0	前进
1	0	1	后退
1	1	1	紧急停车
1	0	0	紧急停车
0	X	X	自由转动

电动机驱动 L298 如图 3 – 6 所示。

同时为了保护主控芯片不被 L298N 产生的瞬间高电平击穿,我们采用 TLP521 光电耦合器进行了隔离保护。

3.3.4　调试及故障分析

制作 L298N 电动机驱动时,对于二极管的焊接一定要注意引脚的顺序。另外,为了以后更方便快捷给电动机接线调试,注意在各引口做好标记工作。

3.3.5　小结与思考

L298N 制作的电动机驱动的稳定性与实用性在各种电子设计大赛亦或某些控制领域上的应用是相当广的。

思考:如果用三极管或是 MOS 管搭建电动机驱动该如何做?

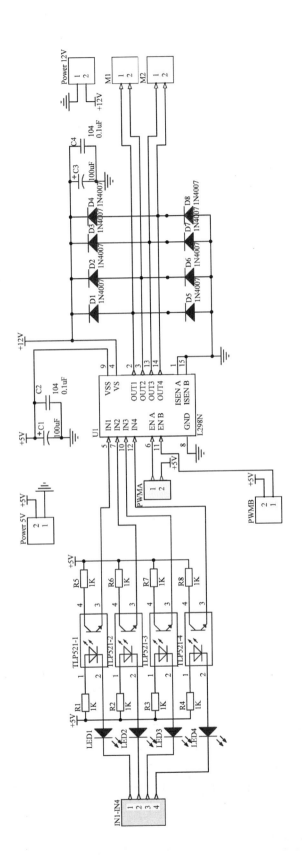

图 3-6　电动机驱动 L298 的原理图

3.4 PL2303 下载器的制作

3.4.1 项目简介

PL2303（实图如图 3 - 7 所示）是 Prolific 公司生产的一种高度集成的 RS232 - USB 接口转换器，可提供一个 RS232 全双工异步串行通信装置与 USB 功能接口便利联接的解决方案。PL2303 下载器的制作是单片机开发项目中很关键的一部分。

图 3 - 7　PL2303 实图

3.4.2 元器件清单

PL2303	1 个
12M 晶振	1 个
LED	3 个
20pF 电容	2 个
104 电容	1 个
100 欧电阻	2 个
560 欧电阻	1 个
1.8K 欧电阻	1 个
2K 欧电阻	2 个
4.7K 欧电阻	2 个

3.4.3 制作流程

PL2303 内置 USB 功能控制器、USB 收发器、振荡器和带有全部调制解调器控制信号的 UART，只需外接几只电容就可实现 USB 信号与 RS232 信号的转换，能够方便嵌入到各种设备，所以 2000 年左右开始 Armjishu. com 经常推荐使用该款芯片；该器件作为 USB/RS232 双向转换器，一方面从主机接收 USB 数据并将其转换为 RS232 信息流格式发送给外设；另一方面从 RS232 外设接收数据转换为 USB 数据格式传送回主机。

这些工作全部由器件自动完成，开发者无需考虑固件设计，PL2303 的高兼容驱动可在大多操作系统上模拟成传统 COM 端口，并允许基于 COM 端口应用可方便地转换成

USB 接口应用,通信波特率高达 6 Mb/s。在工作模式和休眠模式时都具有功耗低的特点,是嵌入式系统手持设备的理想选择。

该器件具有以下特征:完全兼容 USB1.1 协议;可调节的 3～5V 输出电压,满足 3V、3.3V 和 5V 不同应用需求;支持完整的 RS232 接口,可编程设置的波特率;75b/s～6 Mb/s,并为外部串行接口提供电源;512 字节可调的双向数据缓存;支持默认的 ROM 和外部 EEPROM 存储设备配置信息,具 I2C 总线接口,支持从外部 MODEM 信号远程唤醒;支持 Windows98,Windows2000,WindowsXP 等操作系统;28 引脚 的 SOIC 封装。

其应用电路图如图 3 -8 所示。

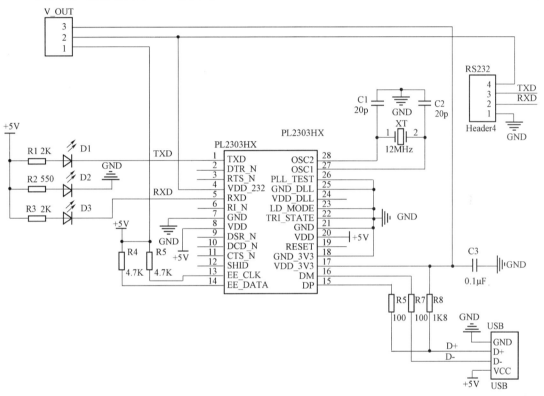

图 3 -8　PL2303 应用电路图

3.4.4　调试及故障分析

在制作完 PL2303 下载器后,首先检查是否存在短路现象,若无则将 TXD 和 RXD 口用跳线帽短接,然后插到电脑上,打开串口调试助手,对其进行自发自收的的实验。如果发送的数据和接收到的数据一致的话,则可以证明下载器是好用的。

3.4.5　小结与思考

RS232 接口作为标准外设广泛应用于单片机和嵌入式系统,通用串行总线(Universal Serial Bus,USB)通信技术以其易插拔、速度快、即插即用和独立供电等特点,已得到更广泛的应用。

3.5 DC-DC 稳压模块

3.5.1 项目简介

在对线性稳压集成电路与开关稳压集成电路的应用特性进行比较的基础上,简单介绍 LM2576 的特性,给出基本开关稳压电源、工作模式可控的开关稳压电源和开关与线性结合式稳压电路的设计方案及元器件参数的计算方法。

LM2576 实物图如图 3-9 所示。

图 3-9 LM2576 实物图

3.5.2 元器件清单

LM2576	1 个
100uF/50V 电容	1 个
1000uF/16V 电容	1 个
二极管 1N5822	1 个
100uH 电感	1 个

3.5.3 制作流程

(1) LM2576 简介。

LM2576 系列是美国国家半导体公司生产的 3A 电流输出降压开关型集成稳压电路,它内含固定频率振荡器(52kHz)和基准稳压器(1.23V),并具有完善的保护电路,包括电流限制及热关断电路等,利用该器件只需极少的外围器件便可构成高效稳压电路。LM2576 系列包括 LM2576(最高输入电压 40V)及 LM2576HV(最高输入电压 60V)二个系列。各系列产品均提供有 3.3V(-3.3)、5V(-5.0)、12V(-12)、15V(-15)及可调

146

（－ADJ）等多个电压档次产品。此外,该芯片还提供了工作状态的外部控制引脚。

（2）LM2576系列开关稳压集成电路的主要特性如下。

- 最大输出电流:3A。
- 最高输入电压:LM2576为40V;LM2576HV为60V。
- 输出电压:3.3V、5V、12V、15V和ADJ(可调)等可选。
- 振东频率:52kHz。
- 转换效率:75%～88%(不同电压输出时的效率不同)。
- 控制方式:PWM。
- 工作温度范围:－40℃～＋125℃。
- 工作模式:低功耗/正常两种模式可外部控制。
- 工作模式控制:TTL电平兼容。
- 所需外部元件:仅4个(不可调)或6个(可调)。
- 器件保护:热关断及电流限制。
- 封装形式:TO－220或TO－263。

（3）LM2576系列开关稳压集成电路的主要优势。

嵌入式控制系统的MCU一般都需要一个稳定的工作电压才能可靠地工作。而设计者多习惯采用线性稳压器件(如78xx系列三端稳压器件)作为电压调节和稳压器件来将较高的直流电压转变MCU所需的工作电压。这种线性稳压电源的线性调整工作方式在工作中会有大的"热损失"(其值为V压降×I负荷),其工作效率仅为30%～50%。加之工作在高粉尘等恶劣环境下往往将嵌入式工业控制系统置于密闭容器内的聚集也加剧了MCU的恶劣工况,从而使嵌入式控制系统的稳定性能变得更差。

而开关电源调节器件则以完全导通或关断的方式工作。工作时或是大电流流过低导通电压的开关管,或是完全截止无电流流过。所以开关稳压电源的功耗极低,其平均工作效率可达70%～90%。在相同电压降的条件下,开关电源调节器件与线性稳压器件相比具有少得多的"热损失"。因此,开关稳压电源可大大减少散热片体积和PCB板的面积,甚至在大多数情况下不需要加装散热片,从而减少了对MCU工作环境的有害影响。

采用开关稳压电源来替代线性稳压电源作为MCU电源的另一个优势是:开关管的高频通断特性以及串联滤波电感的使用对来自于电源的高频干扰具有较强的抑制作用。此外,由于开关稳压电源"热损失"的减少,设计时还可提高稳压电源的输入电压,这有助于提高交流电压抗跌落干扰的能力。

LM2576系列开关稳压集成电路是线性三端稳压器件(如78xx系列端稳压集成电路)的替代品,它具有可靠的工作性能、较高的工作效率和较强的输出电流驱动能力,从而为MCU的稳定、可靠工作提供了强有力的保证。

LM2576的内部框图如图3－10所示,该框图的引脚定义对应于五脚TO－220封装形式。

LM2576内部包含52kHz振荡器、1.23V基准稳压电路、热关断电路、电流限制电路、放大器、比较器及内部稳压电路等。为了产生不同的输出电压,通常将比较器的负端接基准电压(1.23V)、正端接分压电阻网络,这样可根据输出电压的不同选定不同的阻值,其中$R1 = 1k\Omega$(可调－ADJ时开路),$R2$分别为1.7 kΩ(3.3V)、3.1 kΩ(5V)、8.84 kΩ

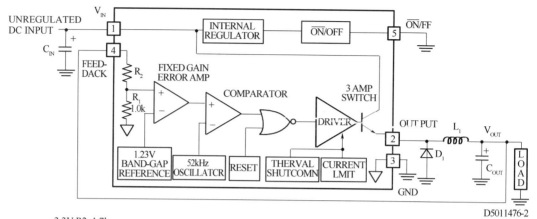

3.3V R2=1.7k
5V, R2=3.1k
12V,R2=8.84k
15V,R2=11.3k
For ADJ.Version
R1=Cpon, R2=0Ω
Petent Ponding

图 3 - 10　LM2576 的内部框图

(12V)、11.3 kΩ(15V)和 0(- ADJ),上述电阻依据型号不同已在芯片内部做了精确调整,因而无需使用者考虑。将输出电压分压电阻网络的输出同内部基准稳压值 1.23V 进行比较,若电压有偏差,则可用放大器控制内部振荡器的输出占空比,从而使输出电压保持稳定。

(4)LM2576 应用举例。

由 LM2576 构成的基本稳压电路仅需 4 个外围器件,其电路图如图 3 - 11 所示。

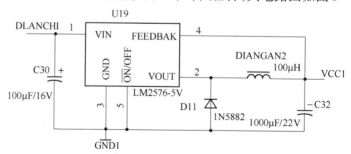

图 3 - 11　由 LM2576 构成的基本稳压电路

电感 L1 的选择要根据 LM2576 的输出电压、最大输入电压、最大负载电流等参数选择,首先,依据如下公式计算出电压·微秒常数($E \cdot T$):$E \cdot T = (V_{in} - V_{out}) \times V_{out} / V_{in} \times 1000/f$。

上式中,V_{in} 是 LM2576 的最大输入电压、V_{out} 是 LM2576 的输出电压,f 是 LM2576 的工作振荡频率值(52kHz)。$E \cdot T$ 确定之后,就可参照参考文献[3]所提供的相应的电压·微秒常数和负载电流曲线来查找所需的电感值了。

二极管 D1 的额定电流值应大于最大负载电流的 1.2 倍,考虑到负载短路的情况,二极管的额定电流值应大于 LM2576 的最大电流限制。二极管的反向电压应大于最大输入电压的 1.25 倍。推荐使用 1N582x 系列的肖特基二极管。

V_{in} 的选择应考虑交流电压最低跌落值(V_{ac-min})所对应的 LM2576 输入电压值及 LM2576 的最小输入允许电压值 V_{min}(以 5V 电压输出为例,该值为 8V),因此,V_{in} 可依据下式计算:$V_{in} \geqslant (220 V_{min}/V_{ac-min})$。如果交流电压最低允许跌落 30%($V_{ac-m_{in}} = 154V$)、LM2576 的电压输出为 5V($V_{min} = 8V$),则当 $V_{ac} = 220V$ 时,LM2576 的输入直流电压应大于 11.5V,通常可选为 12V。

3.5.4　调试及故障分析

在焊接电路时注意引脚焊接不要接错,整体 LM2576 模块焊接工作较简单,关键大家要弄懂其中的原理以及该模块的重要性。焊接成品如图 3 - 12 所示。

图 3 - 12　LM2576 稳压集成电路焊接实图

3.5.5　小结与思考

采用 LM2576 系列开关稳压集成电路作为 MCU 稳压电源的核心器件,不仅可以提高稳压电源的工作效率、减少能源损耗、减少对 MCU 的热损害,而且可减少外部交流电压大幅波动对 MCU 的干扰,同时可降低经电源窜入的高频干扰,这对保障 MCU 的安全和可靠运行能起到事半功倍的作用。

3.6　数码管的操作

3.6.1　项目简介

数码管(实物如图 3 - 13 和图 3 - 14 所示)作为日常生活中常见电子元器件,相信大家对它的熟悉程度很深。它凭借着它的廉价性和易操作性在电器特别是家电领域应用极为广泛,空调、热水器、冰箱,绝大多数热水器显示模块用的都是数码管。但是大家知不知道单个数码管是如何工作的呢? 多个数码管又是如何受单片机控制而稳定显示的呢? 本节内容,我们将学习如何操作数码管的显示。

图 3 - 13　单个数码管

图 3 - 14　多组数码管

3.6.2　元器件清单

51 最小系统	1 个
4 位一体数码管	1 个

3.6.3　制作流程

1）数码管简介

按发光二极管（图 3 - 15）单元连接方式分为共阳极数码管和共阴极数码管。共阳数码管是指将所有发光二极管的阳极接到一起形成公共阳极（COM）的数码管，共阳数码管在应用时应将公共极 COM 接到 +5V，当某一字段发光二极管的阴极为低电平时，相应字段就点亮，当某一字段的阴极为高电平时，相应字段就不亮。共阴数码管是指将所有发光二极管的阴极接到一起形成公共阴极（COM）的数码管，共阴数码管在应用时应将公共极 COM 接到地线 GND 上，当某一字段发光二极管的阳极为高电平时，相应字段就点亮，当

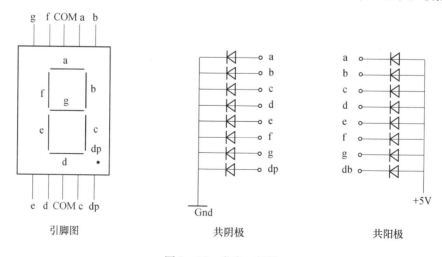

图 3 - 15　发光二级管

某一字段的阳极为低电平时,相应字段就不亮。

2) 74HC595 移位寄存器

(1) 芯片的关键点。

为了节省单片机的 IO 口,我们的开发板用串行芯片 74HC595 移位寄存器来驱动数码管。该芯片的数据手册在配套资料中的芯片数据手册里面可以找到,或者可以从网上下载。下面我们对这个芯片的关键点进行描述。

该芯片属于 74HC 数字芯片系列,是 CMOS 电平器件,但同时兼容 TTL 电平。驱动能力可以驱动 15 个 LS – TTL 门电路负载。芯片内部含有一个 8 位的串入并出移位寄存器、8 位 D 锁存器,具备三态输出能。如图 3 – 16 和图 3 – 17 所示是 74HC595 的管脚图和真值表。

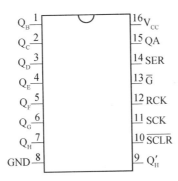

图 3 – 16　74HC595 的管脚图

RCK	SCK	$\overline{SCLR}$	$\overline{G}$	Function
X	X	X	H	QA thru Q_H=TRI-STATE
X	X	L	L	Shift Register cleared Q_H'=0
X	↑	H	L	Shift Register clocked Q_N=Q_{n-1}, Q_0=SER
↑	X	H	L	Contents of Shift Register transferred to output latches

图 3 – 17　74HC595 的真值表

(2) 74HC595 的数据端描述。

QA – – QH:8 位并行输出端,可以直接控制数码管的 8 个段。

QH:级联输出端。在多片级联时使用,这里我们只用一片,因此可以悬空。

SI:串行数据输入端。

(3) 74HC595 的控制端描述。

/SCLR(10 脚):异步清零。低点平时将移位寄存器的数据清零。通常可以将此引脚接 VCC。

SCK(11 脚):上升沿时数据寄存器的数据移位。

$QA--\gt QB--\gt QC--\gt \cdots--\gt QH$。

RCK(12 脚):上升沿时移位寄存器的数据进入数据存储寄存器。空闲时将 RCK 置为低电平,当移位结束后,在 RCK 端产生一个正脉冲,更新显示数据。

/G(13 脚):高电平时禁止输出(高阻态)。如果单片机的引脚不紧张,用一个引脚控制它,可以方便地产生闪烁和熄灭效果。

(4) 74HC595 的主要优点。

具有数据存储寄存器,在移位的过程中,输出端的数据可以保持不变。这在串行速度慢的场合很有用处,数码管没有闪烁感。同时它还具备三态输出的功能。是一个相当优秀的串行片。

3) 电路图

数码管电路图如图 3-18 所示。

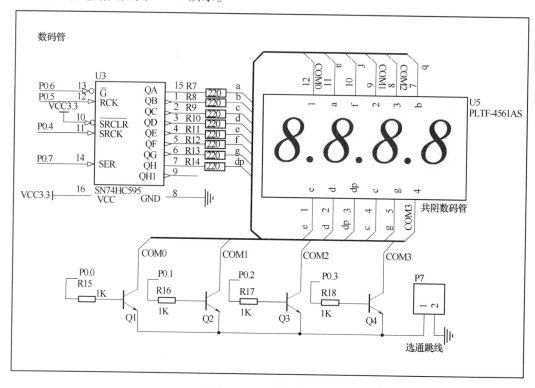

图 3-18　数码管电路图

每一位数码管的公共端分别连接到一个 NPN 三极管的集电极。通过单片机的 IO 口控制三极管的基极来选通数码管,高电平选通。而 4 位数码管的 8 个段是连在一起的,都连接到 74HC595 的输出端 QA-QH。在使用前还应注意一点,就是要把 P7 总的选通跳线接上。三极管和 74HC595 是由单片机的 P0 口来控制。

(1) C 语言编程指导。

在本实验中,要驱动数码管,首先应该能够操作控制 74HC595。因此我们首先编写一个 HC595_send_byte( ) 的函数,它实现的功能是向 74HC595 发送一个字节。然后再在主函数中调用这个函数来驱动数码管。在程序的开始入,P0 = 0X0F;这一句是初始化 P0 低四位为高电平,使能四位数码管。因为控制选通数码管的四个三极管就是连接到P0的低四位。

实验代码如下:

```c
#include "STC12C5A.h" //包含头文件
/* * * 数字编码表0~9 * * * /
Unsigned char seg[10] = {0xfc,0x60,0xda,0xf2,0x66,0xb6,0xbe,0xe0,0xfe,
0xf6};
sbit HC595_SCK = P0^4;
sbit HC595_RCK = P0^5;
sbit HC595_RST = P0^6;
sbit HC595_DAT = P0^7;
//us 延时
void delay_us(unsigned int t)
{
  while(t - -);
}
//延时函数(24M 晶振下延时1ms)
void delay_ms(unsigned int time)
{
  unsigned int t;
  for(;time >0;time - -)
  {
    t = 1500;
    while(t - -);
  }
}
//向 HC595 发送一个字节
void HC595_send_byte(unsigned char byte)
{ unsigned char i,temp;
  for(i =0;i < =7;i + +)
  {
   temp = byte&1 < <i;
   if(temp)
   {
    HC595_DAT = 1;//数据线
   }
   else
   {
    HC595_DAT =0;
   }
   //下面是写时序
   HC595_SCK =1;//SCK(11 脚)
```

153

```
    delay_us(1);
    HC595_SCK = 0;
    delay_us(1);
  }
  HC595_RCK = 0; //RCK(12 脚)
  delay_us(1);
  HC595_RCK = 1;
}
//显示一个数 num
void SMG_ShowNum(unsigned char num)
{
    HC595_send_byte(seg[num]);
}
//主函数
void main()
{
  unsigned char num;
  P0 = 0X0F; //初始化低四位为高电平,使能四位数码管
  HC595_RST = 0; //HC595 的复位端,不能让他复位
  while(1)
  {
    for(num = 0;num < 10;num + + )
    {
    SMG_ShowNum(num);
     delay_ms(1000);
    }
  }
}
```

3.6.4 调试及故障分析

LED 数码管外观要求颜色均匀、无局部变色及无气泡等,在业余条件下可用干电池作进一步检查。现以共阴数码管为例介绍检查方法。

将 3V 干电池负极引出线固定接触在 LED 数码管的公共负极端上,电池正极引出线依次移动接触笔画的正极端。这一根引出线接触到某一笔画的正极端时,那一笔画就应显示出来。用这种简单的方法就可检查出数码管是否有断笔(某笔画不能显示)、连笔(某些笔画连在一起),并且可相对比较出不同笔划发光的强弱性能。若检查共阳极数码管,只需将电池正负极引出线对调一下,方法同上。

3.6.5 小结与思考

数码管是单片机系统中重要的显示器件,正确的使用数码管会给以后的系统开发中带来很大的便利。

154

3.7　51 最小系统板设计教程

3.7.1　项目简介

单片机最小系统,或者称为最小应用系统,是指用最少的元件组成的单片机可以工作的系统。对 51 系列单片机来说,最小系统一般应该包括:单片机、晶振电路、复位电路。围绕 51 最小系统,我们可以做外围电路开发,实现不同的功能。

3.7.2　元器件清单

STC12C51 单片机	1 个
MAX232 芯片	1 个
12M 晶振	1 个
开关	1 个
串口头	1 个
1K 排阻	1 个
10K 电阻	1 个
104 电容	1 个
1uF 极性电容	1 个
30pF 电容	2 个

3.7.3　制作流程

1) 时钟电路

STC89C51 单片机内部有一个用于构成振荡器的高增益反向放大器,它的输入端为芯片引脚 XTAL1,输出端为引脚 XTAL2。这两个引脚跨接石英晶体振荡器和微调电容,构成一个稳定的自激振荡器,使得单片机能够以此作为时钟控制信号,从而有条不紊的进行工作。

如电路原理图 3 - 19 所示在引脚 XTAL1 和 XTAL2 跨接晶振 Y1 和微调电容 C1 和

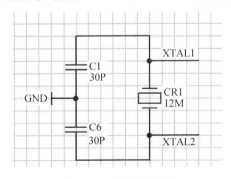

图 3 - 19　电路原理图

C6。电容一般选择 30pf 左右,电容的大小会影响振荡器频率的高低,稳定性和速度。晶振的频率一般在 1.2MHz 至 12MHz 之间,通常选取 6MHz 或 12MHz。

2）复位电路

复位电路一般有两种方式,最简单的为上电自动复位。由于只要给复位引脚 RST 加上大于两个机器周期的的高电平就能使单片机复位,因此在 RST 端加上一个电容和电阻用来充放电就可实现,如图 3 – 20 所示。本系统采用的是另一种方式,即手动复位方式。按键没按下时 RST 端通过电阻接地为低电平,单片机正常工作,若按键按下 RST 端接高电平就实现复位,更加方便,如图 3 – 21 所示。

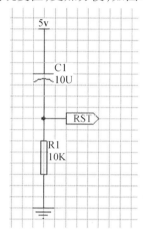

图 3 – 20　上电自动复位电路

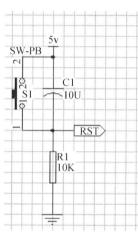

图 3 – 21　手动复位电路

3）下载电路

下载电路如图 3 – 22 所示。

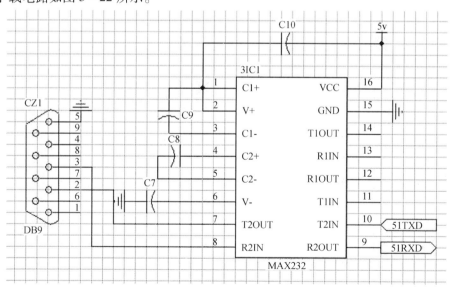

图 3 – 22　下载电路

下载电路中所用的 MAX232 芯片是美信公司专门为电脑的 RS – 232 标准串口设计的单电源电平转换芯片,使用 +5V 单电源供电。在传送方面,MAX232 内部将 +5V 电源

156

提升为 +10 及 −10V,然后接收单片机的 +5V 电平,转换成 10V 的信号,再传送给 PC
机。在接收方面,MAX232 从 PC 上接收 +10V 的信号,经过内部寄存器,转换成单片机所
需的 +5V 电平。简单地说,MAX232 不过是个电平转换装置而已,使得信号在不同处理
器之间互通。如图 3 – 23 所示,只要在 MAX232 上接 4 个 10u 左右的电容和一个串口头
就可以用来下载程序了。

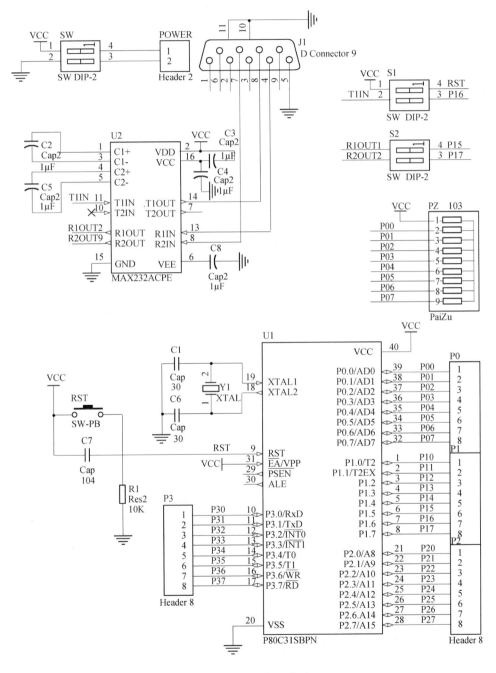

图 3 – 23　整体电路图

4）整体电路图

3.7.4　调试及故障分析

调试应用时,一定要注意电源正负极不要接反了。此外对于单片机最小系统焊接时一定要注意不能存在虚焊的问题。

3.7.5　小结与思考

结合着外围电路,通过 51 最小系统进行控制,我们可以实现不同的功能。开发起来非常方便。

思考:串联在 P0 口的 1K 排阻有什么作用?

3.8　Keil 软件和 STC – ISP 下载软件的使用教程

3.8.1　项目简介

使用汇编语言或 C 语言要使用编译器,以便把写好的程序编译为机器码,这样才能把 HEX 可执行文件写入单片机内。KEIL 是众多单片机应用开发软件中最优秀的软件之一,它支持众多不同公司的 MCS51 架构的芯片,甚至 ARM,它集编辑、编译、仿真等于一体,它的界面和常用的微软 VC + + 的界面相似,界面友好、易学易用。在调试程序、软件仿真方面也有很强大的功能。

3.8.2　Keil 软件使用教程

在这里以 51 单片机并结合 C 程序为例,用图文描述工程项目的创建和使用方法。

（1）先建立一个空文件夹,把工程文件放到里面,如图所示,创建了一个名为"Mytest"文件夹(图 3 – 24)。

图 3 – 24　步骤一展示图

（2）点击桌面上的 Keil uVision4 图标,出现启动画面(图3-25)。

图3-25　步骤二展示图

（3）点击"project ---New uVision Project"新建一个工程(图3-26)。

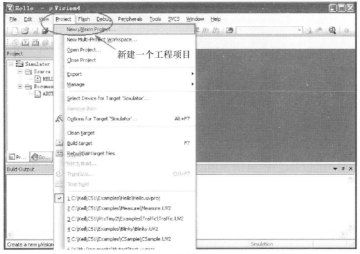

图3-26　步骤三展示图

（4）在对话框中,选择放在刚才建立的"Mytest"文件夹内,给这个工程取个名为
"test",保存(不需要填后缀)(图3-27)。

图3-27　步骤四展示图

（5）弹出一个对话框，在 CPU 类型下我们找到并选中"Atmel"内的 AT89S51 或 AT89S52（图 3 - 28）。

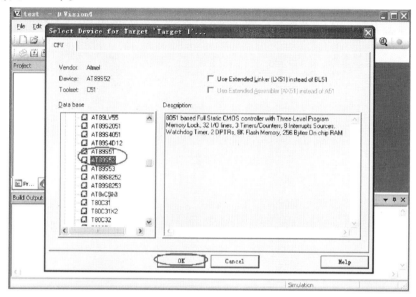

图 3 - 28　步骤五展示图

（6）以上工程创建完毕，接下来开始建立一个源程序文本，单击【File】菜单中的 【New】菜单项（图 3 - 29）。

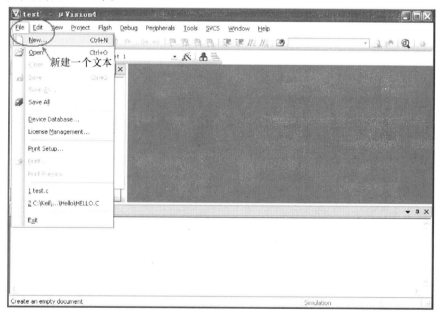

图 3 - 29　步骤六展示图

（7）在下面空白区别写入一个完整的 C 程序，单击保存图标，在弹出来的对话框的 【文件名 N】中，输入源程序文件名名称"test. c"，然后保存（图 3 - 30、图 3 - 31）。

（8）把刚创建的源程序文件加入到工程项目文件中，在【Source Group 1】选项上单击

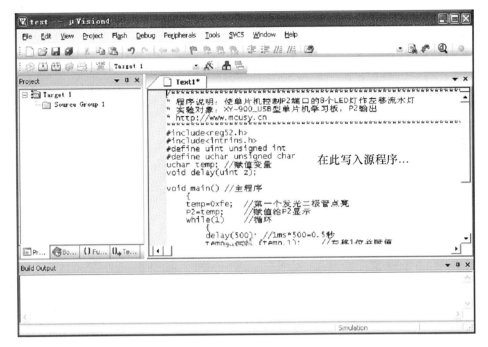

图 3-30 步骤七展示图

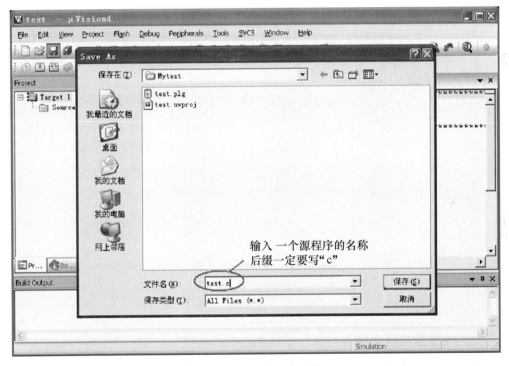

图 3-31 步骤八展示图

右键,将会弹出如图所示的菜单,然后选择【Add Files to Group'Source Group1'】,在弹出来的对话框中,选中【test. c】,单击"Add"按钮,再单击"Close"关闭对话框(图 3-32)。

(9)按下图设置晶振,建议初学者设置为 12M。在 Output 栏选中 Create HEX File,使

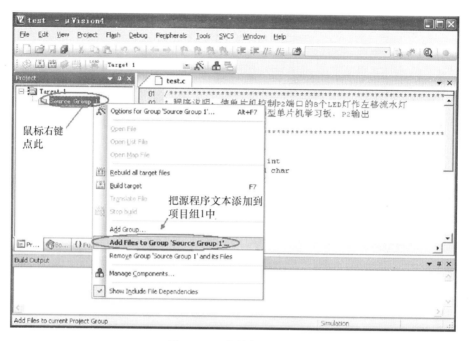

图 3 – 32　步骤九展示图

编译器输出单片机需要的 HEX 文件(图 3 – 33、图 3 – 34)。

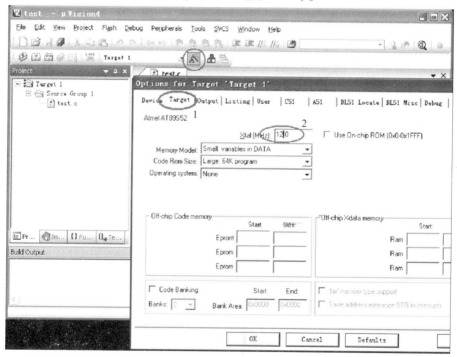

图 3 – 33　步骤十展示图

（10）回到 Keil 编译界面,如图 3 – 35 所示,单击图标,进行编译。使程序编译后产生 HEX 代码,供下载软件下载到单片机中。

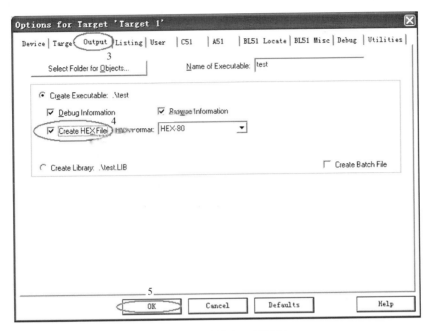

图 3 - 34　步骤十一展示图

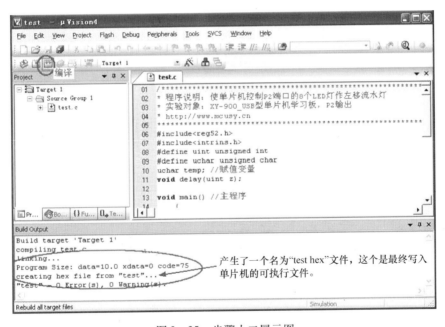

产生了一个名为"test hex"文件,这个是最终写入单片机的可执行文件。

图 3 - 35　步骤十二展示图

3.8.3　STC - ISP 下载软件的使用教程

1）下载并安装 STC - ISP 软件。

2）打开软件 STC-ISP V391.exe 2ndSpAcE ,在 MCU Type STC89C51RC 下拉菜单中找到单片机型号,此处 选择为 STC89C51RC,可根据实际选择 52 或其他(图 3 - 36)。

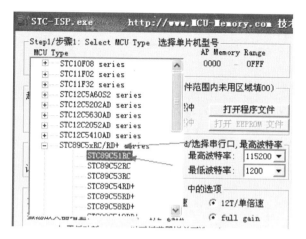

图 3 - 36　步骤十三展示图 1

3）查找并设置 COM 口

（1）在桌面右击"我的电脑"出现下拉菜单,选择"管理"(图 3 - 37)。

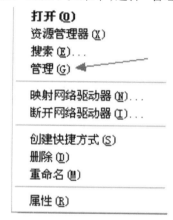

图 3 - 37　步骤十三展示图 2

（2）在出现的窗口中选择"设备管理器"(图 3 - 38)。

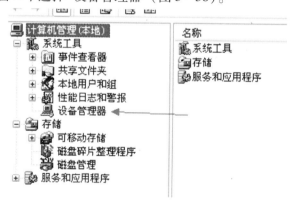

图 3 - 38　步骤十三展示图 3

（3）在右侧窗口中"端口"项前" + "号点开（图 3 - 39）。

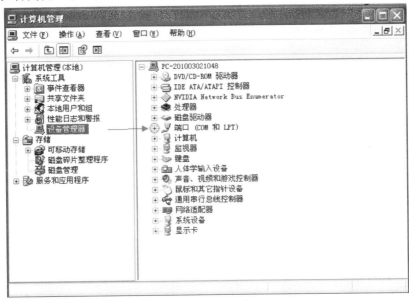

图 3 - 39　步骤十三展示图 4

　　此时看到端口序号，笔者的端口序号为 COM5。注意：在查看端口号之前应确保下载线已经连接到电脑上了，并且已经安装了驱动。

（4）回到 stc 软件的界面在箭头所指的下拉菜单中选择相应的端口号（COM5），如图 3 - 40 所示。

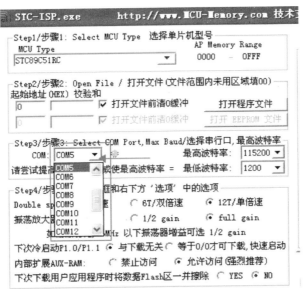

图 3 - 40　步骤十三展示图 5

4）在箭头所指的按钮,打开已经生成的"hex 文件"（图 3 – 41）。

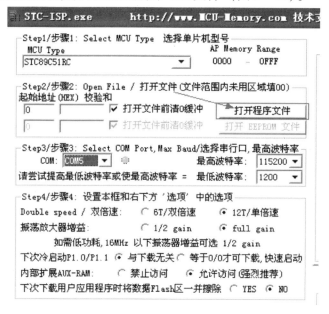

图 3 –41　步骤十三展示图 6

选择 hex 文件,然后点"打开"（图 3 –42）。

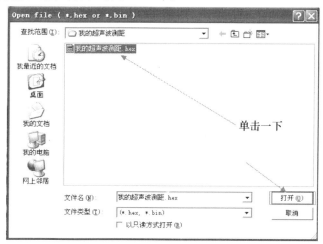

图 3 –42　步骤十三展示图 7

5）回到 STC 界面,单击"Download/下载"之后给单片机系统上电。

可以看到下载进度,马上就完成了（图 3 –43）。

图 3 - 43　步骤十三展示图 8

6) 下载完成。

3.8.4　小结

正确的安装和使用是单片机系统开发的第一步,因而要反复操作,并且熟练掌握它。

3.9　用单片机实现流水灯

3.9.1　项目简介

前期我们学习了利用 NE555 无需程序控制流水灯工作,而本节将带你真正走进单片机世界,学会用单片机控制电路的设计。而对于初学者而言,点亮一个流水灯是入门单片机 C 语言编程的合适例子。流水灯在我们的生活中,作为一种装饰品,美化了我们的环境。本节将介绍如何用一个完整的 C51 程序来点亮流水灯,手把手的讲解单片机 C 语言编程。

3.9.2　元器件清单

表 3 - 3　元器件清单

元器件清单	数　　量
LED	8 个
4.7K 电阻	8 个
51 最小系统	1 个

3.9.3　制作流程

1. LED 简介

LED 实物图如图 3 - 44 所示。

LED(Light Emitting Diode),即发光二极管,是一种固态半导体器件。它具有单向导电性,通过 5mA 左右电流即可发光。

电流越大,亮度越强,但若电流过大,就会烧毁二极管,一般我们控制在 3 ~ 20mA 之间。

2. 硬件电路

流水灯硬件原理图如图 3 - 45 所示。

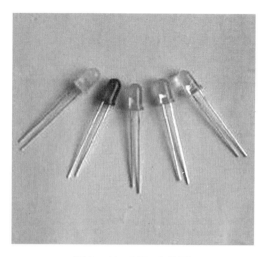

图 3 – 44　LED 实物图

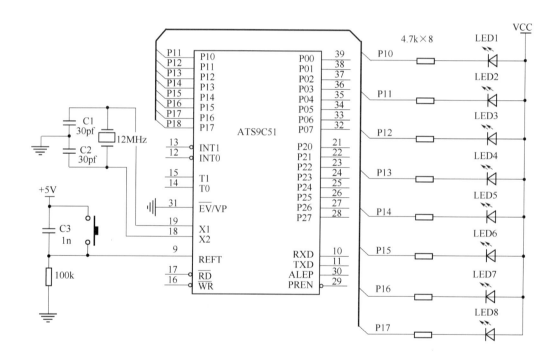

图 3 – 45　流水灯硬件原理图

　　本实验硬件电路图如上图所示。8 个 LED 灯通过 8 个 4.4K 的限流电阻连到单片机的 P1 口,另一端接到 VCC。

3.9.4　C 语言编程指导

　　程序源代码

```
#include<reg51.h>              //51 系列单片机定义文件
#include<intrins.h>            //包含_crol_函数所在的头文件
```

168

```
#define uchar unsigned char        //定义无符号字符
#define uint unsigned int      //定义无符号整型
uchar temp;
void delay(uint xms)               //定义延时函数
{
  uint i,j;
  for(i = xms;i > 0;i - -)
      for(j = 110;j > 0;j - -);
}
void main(void)
{

temp = 0xfe;
while(1)
{
  P1 = temp;
delay(500);        //延时500ms
    temp = _crol_(temp,1);
  }
}
```

3.9.5　小结与思考

本实验实现了 8 个流水灯不同的闪动方法,请仔细体会按位取反和移位操作符的使用方法。

思考:如果实现花样灯呢? 该怎么改动程序? (提示:查表法)

第4章 经典例程

4.1 智能小车

4.1.1 项目简介

（1）功能：系统采用 8 位单片机 STC12C5A60S2 作为智能小车系统检测和控制的核心，实现两车交替超车领跑、声光提示等功能。

（2）技术要点：硬件系统采用最为精简的电路模块搭建，软件系统使用模块化编程。硬件由电源电路、CPU 最小系统模块、电动机驱动电路、循迹引导电路、霍尔传感器测速电路、红外避障电路等组成。软件采用循迹反馈、测速校准、探测和预测相结合等技术实现对电机的控制，最终实现了两车交替超车领跑的功能，测试表明各项指标都符合设计任务要求。

（3）应用前景：通过各模块的配合，在程序的控制下，小车能够快速稳定的实现在赛道上行驶、超车等任务。由于本系统需要两车的配合完成任务，因此要在两车之间建立通信方式。在运动中的小车可以通过无线通信建立联系，从而可以实现两车之间进行信息交换。智能小车的研究、开发和应用涉及传感技术、电气技术、电气控制技术、智能控制等学科，智能控制技术是一门跨科学的综合性技术，在当代研究中十分活跃，应用领域也日益广泛。智能作为现代社会的新产物，是以后的发展方向，它可以按照预先设定的模块在一个特定的环境里自动的运行，可运用于科学勘探等用途，无需人为的管理，便可以完成预期所要达到的或更高的目标。智能机器人正在代替人们完成这些任务，凡不宜有人直接承担的任务，均可由智能机器人代替。它们可以适应不同环境，不受温度、湿度等条件的影响，完成危险地段，人类无法介入等特殊情况下的任务，智能小车就是其中的一个体现。智能车辆又称为轮式移动机器人，是移动机器人的一种，是一个集环境感知、规划决策、自动驾驶等多种功能于一体的综合体统。如果将以上技术引用到现实生活中，可以使我们的未来生活变得更加智能。除了潜在的军用价值外，还可以应用于科学研究、地质勘探、危险搜索、智能救援等领域，其在交通运输中的应用前景也受到西方国家的普遍关注。

4.1.2 元器件清单

元器件清单见表 4 – 1

表 4 – 1 元器件清单

主要器件名称	数 量	主要器件名称	数 量
STC12C5A60S2	2	LED	若干
L298N	2	按键开关	8
电阻	若干	光电对管	8
电容	若干	红外蔽障模块	4

4.1.3 主要电路解析

1. 系统总的框图

系统总体框图如图 4 – 1 所示。

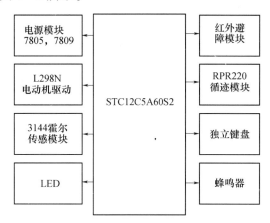

图 4 – 1　系统总体框图

2. 单片机最小系统

1）电路图

单片机最小系统电路图如图 4 – 2 所示。

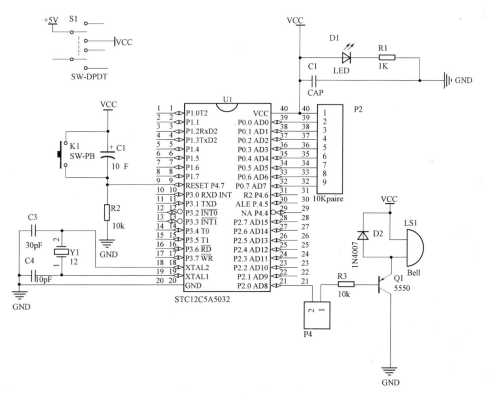

图 4 – 2　单片机最小系统

171

2）控制器模块的论证与选择

方案一：采用以 ARM Cortex – M3 为内核的 STM32 系列控制芯片。STM32 系列芯片时钟频率高达 36MHz，具有 16K 字节 SRAM 和 1x12 位 ADC 温度传感器，具有极强的处理计算能力。但根据任务要求和实际需要，该系统偏重于模糊控制而非精确控制，并且所需要的计算量并不大，而且控制难度较大，因此不太适合智能车系统。

方案二：采用以增强型 80C51 为内核的 STC 系列单片机 STC12C5A60S2。其片内集成了 60KB 程序 Flash，2 通道 PWM、16 位定时器等资源，较好的符合智能小车的控制需求，操作也较为简单，并且具有在系统调试功能（ISD），开发环境非常容易搭建。因此较好地符合设计的需要。

通过比较，我们选择方案二，采用 STC 系列单片机 STC12C5A60S2 作为控制器。

3. 电源模块

1）电路图

电源模块电路图如图 4 – 3 所示。

2）电源模块的论证与选择

方案一：使用两个电源供电。将电动机驱动电源与单片机以及其周边电路电源完全隔离，利用光电耦合器传输信号。这样可以使电动机驱动所造成的干扰彻底消除，提高了系统的稳定性，但是多一组电池，增加了车身重量，增大了小车的惯性。

方案二：使用单一电源供电。电源直接给电动机供电，因电动机启动瞬间电流较大，会造成电源电压波动，因而由控制与检测部分电路通过集成稳压块分别供电。其供电电路比较简单。

通过比较，小车的机动性和灵活性更为重要，因此我们选择方案二单一电源对系统进行供电。

4. 电动机驱动模块

1）电路图

电动机驱动模块电路图如图 4 – 4 所示。

2）电动机驱动模块的论证与选择

方案一：采用电阻网络或数字电位器调整电动机的分压，从而达到调速的目的。但是电阻网络只能实现有级调速，而且数字电阻的元器件价格比较昂贵，还可能存在干扰。更主要的问题在于一般电动机的电阻比较小，但电流很大，分压不仅会降低效率，而且很难实现。

方案二：采用继电器对电动机的开与关进行控制，通过控制开关的切换速度对小车的速度进行调整。这个电路的优点是电路较为简单，缺点是继电器的响应时间长且不可用于高速、频繁的开关切换操作，易损坏、寿命较短、可靠性不高。

方案三：采用集成驱动芯片 L298N，用单片机 PWM 进行控制。L298N 是专用的集成驱动芯片，具有输出电流大、功率强、过流保护等特点，使用方便。

通过比较，为了保证电动机正常稳定工作，我们选择方案三 L298N 电机驱动模块。

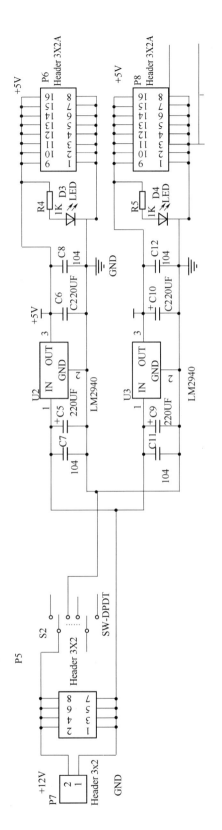

图 4-3 电源模块

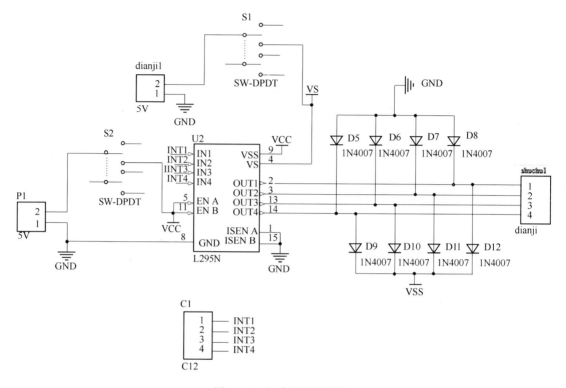

图 4-4　电动机驱动模块

5．循迹模块

1）电路图

循迹模块电路图如图 4-5 所示。

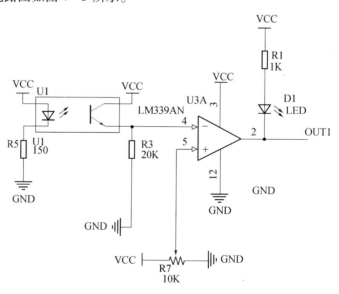

图 4-5　循迹模块

2）测速模块的论证与选择

方案一：通过红外传感器光电槽来实现。当光电槽被遮挡之后，红外接收管接收不到信号，接收管不导通；当光电槽没有被遮挡着，接收管导通，系统通过检测接收管输出脉冲，计脉冲的个数就可以转化为速度与距离等信息。但是由于车身齿轮大小限制，在小车上安装较为困难。

方案二：通过开关型霍尔传感器来实现。霍尔传感器高磁场时低电平，低磁场时高电平，并且电平变换速度快，此方法安装方便并且适合小车电机齿轮的减速倍率，具有较好的测速效果。

通过比较，霍尔开关使用安装方便，精度高，因此我们选择方案二作为测速模块。

6. 霍尔测速模块

1）电路图

霍尔测速模块电路图如图4-6所示。

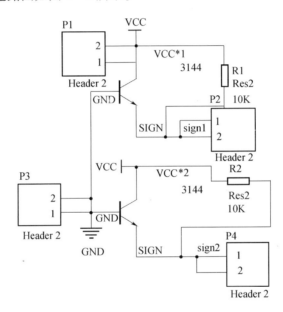

图4-6　霍尔测速模块

7. 独立键盘模块

1）电路图

独立键盘模块电路图如图4-7所示。

4.1.4　C语言编程指导

```
C5 #include<stc12c5a.h>
#include"def.h"
#include"delay.h"
#include"motor.h"
#include"intrins.h"
```

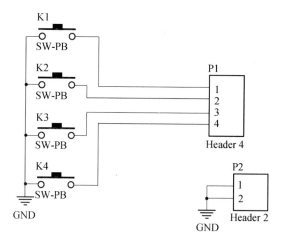

图 4 - 7 独立键盘模块

```
#dcfine T2 15536
#define SPEED_H 0x30
#define SPEED_L 0x40
uchar moshi;
uchar che_flag;//记录甲车还是乙车;
uchar che_round;
//霍尔的标识;turn_flag:准备转弯;
uchar turn_flag,hs_flagl,hs_flagr;
uint round_l,round_r,round_save,round_l_s,round_r_s,round,round_s,time ;
uchar speed_l,speed_r;
//超声波;
float s;
uchar l_flag,r_flag;


void interr_init()
{
    TMOD = 0x11;
//  TH0 = (65536 - T1)/256;
//  TL0 = (65535 - T1)% 256;
//  AUXR = 0;    //设置工作周期1T或者12T;
    TH1 = (65536 - T2)/256;
    TL1 = (65536 - T2)% 256;
//  ET0 = 1;
    ET1 = 1;
    IT0 = 1;
    IT1 = 1;
    EA = 1;
    EX0 = 1;
    EX1 = 1;
```

176

```c
//   TR0 = 1;
//   TR1 = 1;
}
void chase( )
{
    uchar num = 0;//记录标志线次数；
    uint i,j;
  speed_l = speed_r = SPEED_H;
  while( num < 3 )
  {
    EA = 0;
    while((ir_left0 = =0)&&(ir_right0 = =0)&&(ir_left1 = =1)&&(ir_right1 = =0))
       {
           motor_r_big( );
       }
    while((ir_left0 = =0)&&(ir_right0 = =0)&&(ir_left1 = =0)&&(ir_right1 = =1))
      {
         motor_l_big( );
         l_flag = 1;
      }
    if( l_flag = =1 )
    {
      l_flag = 0;
      for( j = 50;j > 0;j - - )
      {
        motor_l(1,0x20);
        motor_r(1,0x90);
        CR = 1;
      }
      motor_init( );
      speed_l = SPEED_H;
      speed_r = SPEED_H;
      round_l = round_r = 0;
    }

    EA = 1;
    while((ir_left0 = =0)&&(ir_right0 = =0)&&(ir_left1 = =0)&&(ir_right1 = =0))
    {
      motor_str( speed_l,speed_r );
    }
    for( i = 0;i < 3;i + + )
    if((ir_right0 = =1))
    {
      num + + ;
```

```
    if( num = = 3 )
  ·  break;
    {
      for( i = 45000; i > 0; i - - )
      {
        motor_str( speed_l, speed_r );
      }
      EA = 0;
      motor_t_l();
      EA = 1;
    }
    motor_init();
    speed_l = speed_r = SPEED_H;
  }
}
motor_l_angle( 6 );
for( i = 60000; i > 0; i - - )
{
  motor_str( speed_l, speed_r );
}
motor_init();
speed_l = speed_r = SPEED_H;
while( ( ir_left0 = = 0 ) && ( ir_right0 = = 0 ) )
{
  motor_str( speed_l, speed_r );
}
motor_l_angle( 88 );
delay_1ms( 80 );
speed_l = speed_r = SPEED_H;
for( i = 33; i > 0; i - - )
{
  motor_str( speed_l, speed_r );
  delay_1ms( 20 );
}
motor_l_angle( 94 );
speed_l = speed_r = 0x28;
for( i = 22; i > 0; i - - )
{
  motor_str( speed_l, speed_r );
  delay_1ms( 20 );
}
while( ir_left0 = = 0 )
  motor_str( speed_l, speed_r );
motor_r_angle( 60 );
```

```
delay_1ms(80);
while(ir_left1 = =1) //pianyouzhuyi
    {motor_r_big();}
motor_l_angle(10);
delay_1ms(80);
motor_init();
speed_l = speed_r = 0x28;
for(i =20;i >0;i − −)
{
  motor_str(speed_l,speed_r);
  delay_1ms(20);
}

while(ir_left0 = =0)
  {
    motor_str(speed_l,speed_r);
    if(ir_left0 = =1)
      break;
  }
motor_init();
speed_l = speed_r = SPEED_H;
motor_r_angle(52); //出超车区
delay_1ms(80);
motor_init();
speed_l = speed_r = SPEED_H;
for(i =22;i >0;i − −)
{
  motor_str(speed_l,speed_r);
  delay_1ms(20);
}
motor_init();
motor_l_angle(43);
delay_1ms(80);
motor_init();
speed_l = speed_r = SPEED_H;
for(i =5;i >0;i − −)
{
  motor_str(speed_l,speed_r);
  delay_1ms(20);
}
while(ir_left0 = =0&&ir_right0 = =0)
  motor_str(speed_l,speed_r);
motor_init();
speed_l = speed_r = SPEED_H;
```

```
    motor_l_angle(87);//
    delay_1ms(80);
    motor_init();
    speed_l = speed_r = SPEED_H;

    for(i =2;i >0;i - -)
    {
      motor_str(speed_l,speed_r);
      delay_1ms(20);
    }
    time = 0;
    TR1 = 1;
void interr1() interrupt 2
{
  round_r + =1;
}
void time1() interrupt 3
{
  TH1 =(65536 - T2)/256;
  TL1 =(65536 - T2)% 256;
  time + +;
}
```

4.1.5 调试及故障分析

调试方案如下。

(1)硬件测试:分别对每个模块做相应的测试。

(2)软件仿真测试:使用 KeilC51 软件进行仿真。

(3)硬件软件联调:对智能车系统的测试是在一个自制的符合设计任务要求的场地中测试的,逐步按要求进行测试。

4.2 炮台打靶

4.2.1 项目简介

1. 功能

该产品实现了语音播报和屏幕显示电子靶环数和总环数,手动精确控制炮台打靶和自动精确控制炮台打靶的功能。

2. 技术要点

为了实现炮台跟踪电子靶的位置、激光打靶的精确性以及完成任务的时间的功能,提高电子靶显示和播报的准确性,我们进行了多种方案的论证。系统采用模块化设计,各部分独立工作,可靠性高。系统以 3 片 STC12C5A60S2 为核心,分别负责报环,引导和炮台控制。

3. 产品外观示意图

炮台及电子靶示意图如图 4 - 8 所示。

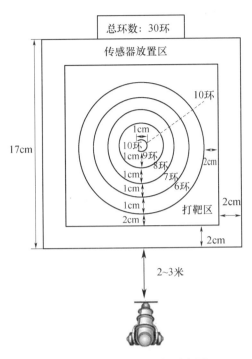

图 4 - 8 炮台及电子靶示意图

4. 炮台实物

炮台实物图如图 4 - 9 所示。

图 4 - 9 炮台实物图

4.2.2 元器件清单

需要的元器件主要为:单片机 STC12C5A60S2 、红外接收二极管、WT588D 语音芯片、12864 液晶屏、步进电机、蜗轮蜗杆和电阻电容。

4.2.3 主要电路解析

1. 电子靶模块

1)传感器电路

红外接收管采用 PT333。由于我们使用的是红色激光头,所以我们自己做了传感器测试,测试电路如图 4 - 10 所示。测试结果:日光下,静态电流 $I = 2\mu A$;在激光笔照射时,电流为 $I = 20\mu A$,是日光下的 10 倍。

所以我们设计了多个 PT333 并联的电路,如图 4 - 11 所示。测试结果:静态电压输出 $V = 80mV$;当激光笔照射一个馆时,输出电压 $V = 0.8V$。可我们以通过改变电阻 R 的值来调节输出范围,实际上我们选用的是 $50k\Omega$ 的滑动变阻器。

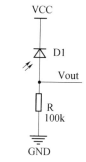

图 4 - 10　单个接收管原理图

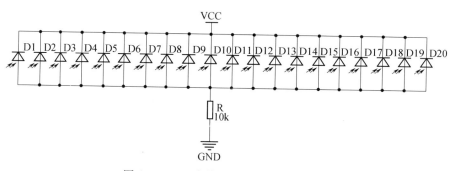

图 4 - 11　20 个接收管并联电路原理图

(1)滑动变阻器 R 的取值。

设定并联的接收管个数为 N 个。则静态输出电压 $V_o = 2\mu A * N * R$,一个接收管被照亮输出电压 $V = (2\mu A * (N-1) + 20\mu A) * R$,电压差 $deta\_V = V - V_o = 18\mu A * R$,在满足 $V < VCC$ 的前提下,应让 $deta\_V$ 取得最大值。即 $R = V_{max}/18\mu A$ 且 $R < 5/(2\mu A * (N-1) + 20\mu A)$,所以 R 的取值需要通过并联接收管的个数而定。我们选取 $R = 50k$ 的滑动变阻器便于调节。

(2)传感器个数的计算。

传感器个数由靶的大小和接收管尺寸决定。我们使用的是直径为 3mm 的传感器,传感器个数约为 pi * 45 * 45/((3 + 0.75 * 3 + 0.75) = 400 个。我们在实际作品中使用了412 个,与理论值接近。

① 比较器电路:比较器电路将对传感器电路的输出电压进行比较,如果被激光照射到会输出低电平,反之则会输出高电平。具体电路原理图如图 4 - 12 所示。比较器电路对每一路信号都会进行比较输出。

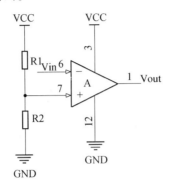

图 4 - 12　比较器电路原理图

② 比较器电阻 R 的计算:电阻 R 用滑动变阻器,选用 20kΩ 的滑动变阻器。通过改变滑动变阻器的值,我们可以在 0 ~ VCC 范围内调节比较器的阈值 Uh。

③ STC12C5A60S2 单片机最小系统:单片机最小系统电路由晶振电路和复位电路构成,如图 4 - 13 所示。在 P0 口加了上拉电阻。

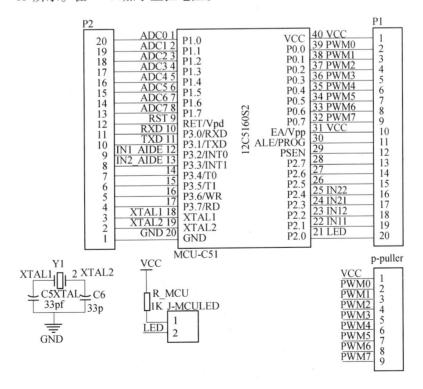

图 4 - 13　12C5160S2 单片机最小系统原理图

④ WT588D 语音模块:为了节省单片机 IO 口,我们采用单线串口模式与 WT588D 进行通信,电路如图 4-14 所示。

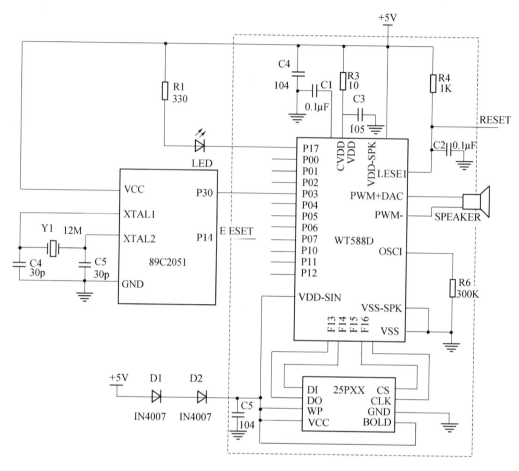

图 4-14　WT588D 语音模块电路原理图

⑤ 12864 模块:为了节省单片机 IO 口,我们同样采用串行方式与 12864 模块进行通信。电路连接如图 4-15 所示。

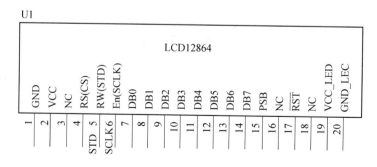

图 4-15　12864 液晶电路原理图

2. 引导区模块

引导区模块可以实现激光点的检测和发送激光点坐标信息功能。

传感器电路原理与电子靶传感器电路原理一样,也是利用 PT333 作为激光传感器,将激光信号转换为电压信号,再经过比较器电路,来引导模块 12C5A60S2 单片机。单片机检测到激光信号后,将对应的坐标值通过无线发送给炮台模块。

1)炮台模块

(1) 硬件设计:炮台模块包括手动输入键盘模块、加速度计模块、电动机驱动模块和 LED 示意模块。机械结构上我们采用蜗轮蜗杆结构,可以减小步进电动机的力矩要求。减速比为 35:1,步进电动机的步距角为 1.8°/0.9°。我们为了增加系统精度,采用四相八拍制进行控制,步距角为 0.9°、3m 时,走一步光斑移动的距离是 deta = 3000 * tan(0.9/35) = 1.2mm,精度满足系统要求,如图 4 - 16 所示。

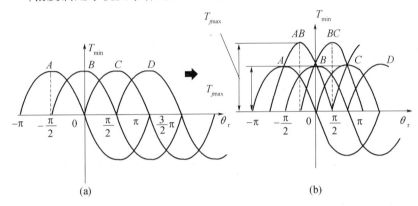

图 4 - 16　四相反应式步进电动机距角特性曲线(a 单拍制 b 双拍制)

(2) 键盘输入模块:包括上下左右,挡位切换和发炮按钮。采用独立按键电路结构。

(3) LED 示意模块:用来示意打靶。

(4) 电动机驱动模块:由于两相步进电动机驱动需要 4 路,所以我们选用 L298N 为我们的步进电机驱动方案,L298N 是一款经典双 H 桥电机驱动芯片,最大负载电流 $I_{max} = 2A$。

(5) 加速度计模块:用来初始化激光头竖直方向角度。我们选用 freescale 公司的 MMA2260 单轴模拟输出传感器,测量范围 - 1.5g ~ 1.5g,输出为模拟电压值,以便于采集。

(6) 软件设计:炮台软件设计分为手动控制模式和自动控制模式。手动控制模式采用按键输入控制步进电机,有快速模式、慢速模式和发炮按钮。自动控制模式则根据题目要求,只能在按下开关后,人离开炮台,实现炮台自动寻靶、对环、打靶。

4.2.4　C 语言编程指导

电子靶程序

```
#include <STC12C5A60S2.h>
#include <stdio.h>
#include <string.h>
```

```c
#include "intrins.h"
#define uchar unsigned char
#define uint  unsigned int

/* * * * * * * * * * * * * * * * * * * * * * * * * * * * * * * * * * * * * *
 * * * * * * * *
 * * * * * * * * * * * * *模式选择
 * * * * * * * * * * * * * * * * * * * * *
 * * * * * * * * * * * * * * * * * * * * * * * * * * * * * * * * * * * * * *
 * * * * * * * /
sbit MODEL = P3^6;
uchar remhuan = 0;
#define CESHI 1
#define WORK  0
uchar Model = WORK;
#define InitModelSelect();MODEL = 1;
/* * * * * * * * * * * * * * * * * * * * * * * * * * * * * * * * * * * * * *
 * * * * * * * *
 * * * * * * * * * * * * * *延时函数
 * * * * * * * * * * * * * * * * * * * * * *
 * * * * * * * * * * * * * * * * * * * * * * * * * * * * * * * * * * * * * *
 * * * * * * * /
void delayms(unsigned int m)
{
    unsigned int i,j;
    for(i = 0;i < m;i + +)
        for(j = 0;j < 112;j + +);
}
void delay(unsigned int m)
{
    unsigned int i,j;
    for(i = 0;i < m;i + +)
        for(j = 0;j < 10;j + +);
}
/* * * * * * * * * * * * * * * * * * * * * * * * * * * * * * * * * * * * * *
 * * * * * * * *
 * * * * * * * * * * * * * *12864 函数
 * * * * * * * * * * * * * * * * * * * * *
 * * * * * * * * * * * * * * * * * * * * * * * * * * * * * * * * * * * * * *
 * * * * * * * /
sbit LCD_SID = P3^4;//LCD12864 串行通信数据口
sbit LCD_SCLK = P3^5;//LCD12864 串行通信同步时钟信号
uchar LCD1[] = {"    炮台打靶    "};
```

186

```
uchar LCD2[] = {"第 1 次    共 3 次    "};
uchar LCD3[] = {"命中    环            "};
uchar LCD4[] = {"总环    环            "};
//////////////////////////////////////////////////////////
///////////////////////通用功能函数//////////////////////////
//////////////////////////////////////////////////////////
//延时大约八微秒
void delay_8us()
{
    _nop_();
    _nop_();
    _nop_();
    _nop_();
}
//延时大约 1ms
void delay1ms(unsigned int a)  //延时毫秒
{
    unsigned int b = 0,c = 0;
    for(;a > 0;a - -)
    for(b = 5;b > 0;b - -)
    for(c = 97;c > 0;c - -);
}
//延时(12864 中用到)
void delay_us (uint us)    //delay time
{
    while(us - -);
}


//////////////////////////////////////////////////////////
//////////////////////////12864 ///////////////////////////
//////////////////////////////////////////////////////////
//写数据
void wr_lcd(uchar dat_comm,uchar content)
{
    uchar a,i,j;
    delay_us (5000);
    a = content;
    _nop_();
    LCD_SCLK = 0;
    _nop_();
    LCD_SID = 1;
    _nop_();
    for(i = 0;i < 5;i + +)
```

```c
    {
        LCD_SCLK = 1;
        _nop_();
        _nop_();
        _nop_();
        LCD_SCLK = 0;
    }
    LCD_SID = 0;
    _nop_();
    LCD_SCLK = 1;
    _nop_();
    _nop_();
    _nop_();
    LCD_SCLK = 0;
    _nop_();
    if(dat_comm)
    LCD_SID = 1;    //data
    else
    LCD_SID = 0;    //command
    LCD_SCLK = 1;
    _nop_();
    _nop_();
    _nop_();
    LCD_SCLK = 0;
    LCD_SID = 0;
    _nop_();
    LCD_SCLK = 1;
    _nop_();
    _nop_();
    _nop_();
    LCD_SCLK = 0;
    for(j = 0; j < 2; j + +)
    {
        for(i = 0; i < 4; i + +)
        {
            a = a < <1;
            LCD_SID = CY;
            LCD_SCLK = 1;
            _nop_();
            _nop_();
            _nop_();
            LCD_SCLK = 0;
        }
```

```
        LCD_SID = 0;
        for(i = 0;i < 4;i + +)
        {
            LCD_SCLK = 1;
            _nop_();
            _nop_();
            _nop_();
            LCD_SCLK = 0;
        }
    }
}
```

//在任意位置显示一串汉字,X0 为行,Y0 为列,chn 为所要显示的汉字串 ,k 为汉字个数
```
void lcd_char(uchar x0,uchar y0,uchar k,uchar * chn)
{
    uchar adr,i;
    switch(x0)
    {
        case 0:adr = 0x80 + y0;
        break;//在第 1 行 y 列显示
        case 1:adr = 0x90 + y0;
        break;//在第 2 行 y 列显示
        case 2:adr = 0x88 + y0;
        break;//在第 3 行 y 列显示
        case 3:adr = 0x98 + y0;
        break;//在第 4 行 y 列显示
        default:;
    }
    wr_lcd (0,0x30);
    wr_lcd (0,adr);
    for(i = 0;i < 2 * k;i + +)
        wr_lcd (1,chn[i]);
}
```

//在任意位置显示字符串,k 为字符个数
```
void lcd_string(uchar x0,uchar y0,uchar k,uchar * chn)
{
    uchar adr,i;
    switch(x0)
    {
        case 0:adr = 0x80 + y0;
        break;//在第 1 行 y 列显示
        case 1:adr = 0x90 + y0;
```

189

```
            break;  //在第 2 行 y 列显示
            case 2：adr = 0x88 + y0;
            break;  //在第 3 行 y 列显示
            case 3：adr = 0x98 + y0;
            break;  //在第 4 行 y 列显示
            default：;
        }
    wr_lcd (0,0x30);
    wr_lcd (0,adr);
    for(i = 0;i < k;i + +)
        wr_lcd (1,chn[i]);
}
/////////////////////////////////////////////
/////////////////////初始化/////////////////////
/////////////////////////////////////////////
void initial()
{
    wr_lcd (0,0x30);  /* 30 - - -基本指令动作 * /
    wr_lcd (0,0x01);  /* 清屏,地址指针指向 00 H * /
    delay_us (1000);
    wr_lcd (0,0x06);  /* 光标的移动方向 * /
    wr_lcd (0,0x0c);  /* 开显示,关游标 * /
    //12864 清 DDRAM
    wr_lcd (0,0x30);
    wr_lcd (0,0x01);
    delay_us (1800);
}
/* * * * * * * * * * * * * * * * * * * * * * * * * * * * * * * * * * /
/* * * * * * * * * * * * * * * * * * * * * * * * * * * * * * * * * * * * * * * *
* * * * * * * *
* * * * * * * * * * * * * *串口函数
* * * * * * * * * * * * * * * * * * * *
* * * * * * * * * * * * * * * * * * * * * * * * * * * * * * * * * * * * * * * *
* * * * * * * /
#define EnablePrintf(); TI = 1;
void init_usart()
{
    TMOD = 0X21;
    TH1 = 0XFD;
    TL1 = 0XFD;
    TR1 = 1;
    REN = 1;
    SM0 = 0;
```

```c
    SM1 = 1;
    EA = 1;
    ES = 1;      //串行口的中断开?
}
void usart_send(uchar msg)
{
    SBUF = msg;
    while(! TI);
    TI = 0;
    delay(10);
}
static UsartRecevie = 0,Usart_flag = 0;
void USART_INT(void) interrupt 4
{
    RI = 0;
    UsartRecevie = SBUF;
    Usart_flag = 1;
}
/* * * * * * * * * * * * * * * * * * * * * * * * * * * * * * * * * * * * * * * *
* * * * * * * *
* * * * * * * * * * * * * * *语音模块
* * * * * * * * * * * * * * * * * * * * * *
* * * * * * * * * * * * * * * * * * * * * * * * * * * * * * * * * * * * * * * * *
* * * * * * * /
#define D_0 0X00
#define D_6 0X06
#define D_7 0X07
#define D_8 0X08
#define D_9 0X09
#define D_10 0X0A

#define Z_0    0X0B
#define Z_6 0X02
#define Z_7    0X03
#define Z_8 0X04
#define Z_9    0X05
#define Z_10 0X0B
#define Z_12 0X0C
#define Z_13 0X0D
#define Z_14 0X0E
#define Z_15 0X0F
#define Z_16 0X10
#define Z_17 0X11
```

```
#define Z_18 0X12
#define Z_19 0X13
#define Z_20 0X14
#define Z_21 0X15
#define Z_22 0X16
#define Z_23 0X17
#define Z_24 0X18
#define Z_25 0X19
#define Z_26 0X1A
#define Z_27 0X1B
#define Z_28 0X1C
#define Z_29 0X1D
#define Z_30 0X1E
static code char YUYIN[] = {Z_0,50,50,50,50,50,Z_6,Z_7,Z_8,Z_9,Z_10,50,Z_12,Z_13,
Z_14,Z_15,Z_16,Z_17,Z_18,Z_19,Z_20,Z_21,Z_22,Z_23,Z_24,Z_25,Z_26,Z_27,Z_28,Z_29,
Z_30};

sbit RST = P3^2; /* P3_2 为 P3 口的第 3 位 */
sbit SDA = P3^3; /* P3_3 为 P3 口的第 4 位 */
void delay1s(unsigned char count)  //1MS 延时子程序
{
unsigned int i,j,k;
for(k = count;k > 0;k − −)
for(i = 2000;i > 0;i − −)
for(j = 2480;j > 0;j − −);
}
void delay100us(unsigned char count)  //100US 延时子程序
{
    unsigned char i;
    unsigned char j;
    for(i = count;i > 0;i − −)
    for(j = 50;j > 0;j − −);
}
void BoBao(unsigned char addr)
{
    unsigned char i;
    RST = 0;
    delay1ms(17); /* 复位延时 17MS */
    RST = 1;
    delay1ms(170); /* delay 6ms */
    SDA = 0;
    delay1ms(170); /* delay 5ms */
    for(i = 0;i < 8;i + +)
```

192

```
{SDA = 1;
if(addr & 1)
{delay100us(40); /* 400us */
SDA = 0;
delay100us(20); /* 200us */
}
else {
delay100us(20); /* 200us */
SDA = 0;
delay100us(40); /* 400us */
}
addr >> =1; }
SDA = 1;
}
uchar time = 0,ZongHuang = 0;
sbit WORK_FLAG = P3^7;
/* * * * * * * * * * * * * * * * * * * * * * * * * * * * * * * * * * * * * * * *
* * * * * * * *
* * * * * * * * * * * * * * * 报环函数
* * * * * * * * * * * * * * * * * * * * *
* * * * * * * * * * * * * * * * * * * * * * * * * * * * * * * * * * * * * * * *
* * * * * * * /
/* * * * * * * * * * * * * * * * * * * * * * * * * * * * * * * * * * * * * * * *
* * * * * * * *
* * * * * * * * * * * * * * 传感器信号
* * * * * * * * * * * * * * * * * * * * *
* * * * * * * * * * * * * * * * * * * * * * * * * * * * * * * * * * * * * * * *
* * * * * * * /
#define InitSence();    P0 = 0XFF; P2 = 0XFF;//P1 = 0XFF;
sbit H6_1 = P1^0;
sbit H6_2 = P1^2;                    //P2 口在通测一遍
sbit H6_3 = P1^1;
sbit H6_4 = P1^3;
sbit H6_5 = P1^5;
sbit H6_6 = P1^6;
sbit H6_7 = P1^4;
sbit H6_8 = P2^6;
sbit H6_9 = P2^7;

sbit H7_1 = P2^1;
sbit H7_2 = P2^3;
sbit H7_3 = P2^4;
```

```
sbit H8_1 = P0^5;
sbit H8_2 = P0^6;
sbit H8_3 = P0^7;
sbit H8_4 = P0^3;
sbit H8_5 = P0^4;

sbit H9_1 = P0^1;
sbit H9_2 = P0^2;

sbit H10_1 = P0^0;

void scan()
{
    uint count = 0;
    if(H6_1 = = 0 | |H6_2 = = 0 | |H6_3 = = 0 | |H6_4 = = 0 | |H6_5 = = 0 | |H6_6 = = 0 | |H6_7 = = 0 |
|H6_8 = = 0 | |H6_9 = = 0)
    {
        time + +;
        BoBao(D_6);
        LCD2[3] = time + 48;
        LCD3[4] = ' ';
        LCD3[5] = '6';
        lcd_char(1,0,8,LCD2);
        lcd_char(2,0,8,LCD3);
        delay1s(1);
        ZongHuang + = 6;
        remhuan = 6;
        count = 0;
    }
    else if(H7_1 = = 0 | |H7_2 = = 0 | |H7_3 = = 0)
    {
        BoBao(D_7);
        time + +;
        LCD2[3] = ' ';
        LCD3[4] = ' ';
        LCD3[5] = '7';
        lcd_char(1,0,8,LCD2);
        lcd_char(2,0,8,LCD3);
        delay1s(1);
        ZongHuang + = 7;
        remhuan = 7;
        count = 0;
    }
```

194

```
else if(H8_1 = =0 ||H8_2 = =0 ||H8_3 = =0 ||H8_4 = =0 ||H8_5 = =0)
{
    BoBao(D_8);
    time + +;
    LCD2[3] = time + 48;
    LCD3[4] = ' ';
    LCD3[5] = '8';
    lcd_char(1,0,8,LCD2);
    lcd_char(2,0,8,LCD3);
    ZongHuang + = 8;
    delay1s(1);
    remhuan = 8;
    count = 0;
}
else if(H9_1 = =0 ||H9_2 = =0)
{
    BoBao(D_9);
    time + +;
    LCD2[3] = time + 48;
    LCD3[4] = ' ';
    LCD3[5] = '9';
    lcd_char(1,0,8,LCD2);
    lcd_char(2,0,8,LCD3);
    delay1s(1);
    ZongHuang + = 9;
    remhuan = 9;
    count = 0;
}
else if(H10_1 = =0)
{
    BoBao(D_10);
    time + +;
    LCD2[3] = time + 48;
    LCD3[4] = '1';
    LCD3[5] = '0';
    lcd_char(1,0,8,LCD2);
    lcd_char(2,0,8,LCD3);
    delay1s(1);
    ZongHuang + = 10;
    remhuan = 10;
    count = 0;
}
if(time > =3)
```

```
            {
        BoBao(YUYIN[ZongHuang]);
        LCD2[3] = time + 48;
        LCD4[4] = ZongHuang/10 + 48;
        LCD4[5] = ZongHuang%10 + 48;
        lcd_char(3,0,8,LCD4);
        delay1s(1);
        ZongHuang = 0;
        time = 0;
        strcpy(LCD1,"   炮台打靶    ");
        strcpy(LCD2,"第1次 共3次  ");
        strcpy(LCD3,"命中   环    ");
        strcpy(LCD4,"命中   环    ");
        lcd_char(0,0,8,LCD1);
        lcd_char(1,0,8,LCD2);
        lcd_char(2,0,8,LCD3);
        lcd_char(3,0,8,LCD4);
        }
}


/* * * * * * * * * * * * * * * * * * * * * * * * * * * * * * * * * * * * * * * * * * *
 * * * * * * * *
 * * * * * * * * * * * * * 测试模式函数
 * * * * * * * * * * * * * * * * * * * * * *
 * * * * * * * * * * * * * * * * * * * * * * * * * * * * * * * * * * * * * * * * * * *
 * * * * * * * /
void ifceshi(void)
{
    if(MODEL = = CESHI)
        {
        scan();
        }
}
/* * * * * * * * * * * * * * * * * * * * * * * * * * * * * * * * * * * * * * * * * * *
 * * * * * * * *
 * * * * * * * * * * * * * * 测试模式函数
 * * * * * * * * * * * * * * * * * * * * * *
 * * * * * * * * * * * * * * * * * * * * * * * * * * * * * * * * * * * * * * * * * * *
 * * * * * * * /

void ifwork(void)
{
    if(MODEL = = WORK)
```

196

```
        {
        if(WORK_FLAG = = 0)
         {
           scan();
         }
      }
}
/* * * * * * * * * * * * * * * * * * * * * * * * * * * * * * * * * * * * * *
* * * * * * * *
* * * * * * * * * * * * * * 主函数
Main
* * * * * * * * * * * * * * * * * * * * *
* * * * * * * * * * * * * * * * * * * * * * * * * * * * * * * * * * * * *
* * * * * * * /
static timecounter = 0;
void INT0_T0(void)interrupt 1 //using 1
{
    timecounter + +;
}

static State = 0;
void  main(void)
{
    uchar PA = 0,PB = 0,PC = 0;
    delay(240);
    InitModelSelect();
    InitSence();
    initial();
    delayms(1000);
    init_usart();
    lcd_char(0,0,8,LCD1);
    lcd_char(1,0,8,LCD2);
    lcd_char(2,0,8,LCD3);
    lcd_char(3,0,8,LCD4);
    delay100us(10);
     while(1)
     {
        ifceshi();
        ifwork();

     }
  }
```

附录5：引导区程序

```c
#include <STC12C5A60S2.h>
#include <stdio.h>
#include <string.h>
#include "intrins.h"
#define uchar unsigned char
#define uint unsigned int
/* * * * * * * * * * * * * * * * * * * * * * * * * * * * * * * * * * * * * * *
* * * * * * *
* * * * * * * * * * * * * * 延时函数
* * * * * * * * * * * * * * * * * * * * *
* * * * * * * * * * * * * * * * * * * * * * * * * * * * * * * * * * * * * * *
* * * * * * */
void delay1ms(unsigned int time)
{
    unsigned int i = 0,j = 0;
    for(i = 0;i < time;i + +)
      for(j = 0;j < 948;j + +);
}
void delay10us(unsigned int time)
{
    unsigned int i = 0,j = 0;
    for(i = 0;i < time;i + +)
      for(j = 0;j < 10;j + +);
}
/* * * * * * * * * * * * * * * * * * * * * * * * * * * * * * * * * * * * * * *
* * * * * * *
* * * * * * * * * * * * * * * 串口函数
* * * * * * * * * * * * * * * * * * * * * * *
* * * * * * * * * * * * * * * * * * * * * * * * * * * * * * * * * * * * * * *
* * * * * * */
#define EnablePrintf(); TI = 1;
void init_usart()
{
    TMOD = 0X21;
    TH1 = 0XFD;
    TL1 = 0XFD;
    TR1 = 1;
    REN = 1;
    SM0 = 0;
    SM1 = 1;
    EA = 1;
```

198

```
        ES = 1;
}
void usart_send( uchar msg)
{
    SBUF = msg;
    while( ! TI);
    TI = 0;
    delay10us( 100);
}
#define DABA_FLAG 0 XAA
sbit BaoHuan = P3 ^7;
static UsartRecevie = 0;
void USART_INT( void) interrupt 4
{
    RI = 0;
    UsartRecevie = SBUF;
    if( UsartRecevie = = DABA_FLAG)
    {
        BaoHuan = 0;
        delay1ms( 10);
        BaoHuan = 1;
    }
}
/* * * * * * * * * * * * * * * * * * * * * * * * * * * * * * * * * * * * * * * * * * *
* * * * * * * *
* * * * * * * * * * * * * * *引导区函数
* * * * * * * * * * * * * * * * * * * * *
* * * * * * * * * * * * * * * * * * * * * * * * * * * * * * * * * * * * * * * * * *
* * * * * * * /
static uchar code S[13] = {1,2,3,4,5,6,7,8,9,10,11,12,13};
static uchar code H[7] = {101,102,103,104,105,106,107};
//竖条接口
sbit S1 = P0 ^0;        //01
sbit S2 = P0 ^2;        //04
sbit S3 = P0 ^1;        //02
sbit S4 = P0 ^5;        //20
sbit S5 = P0 ^3;        //08
sbit S6 = P0 ^4;        //40
sbit S7 = P0 ^6;        //40
sbit S8 = P0 ^7;        //10
sbit S9 = P2 ^7;
sbit S10 = P2 ^6;
sbit S11 = P2 ^5;
```

199

```
sbit S12 = P2^4;
sbit S13 = P2^3;        //08

sbit H1 = P1^3;
sbit H2 = P1^2;
sbit H3 = P1^1;
sbit H4 = P1^0;
sbit H5 = P2^0;
sbit H6 = P2^1;
sbit H7 = P2^2;

void main(void)
{
    uchar PA = 0,PB = 0,PC = 0;
    P0 = 0XFF;
    P1 = 0XFF;
    P2 = 0XFF;
    init_usart();
    while(1)
    {
        PA = ~ P0;
        PB = ~ P1;
        PC = ~ P2;
        if( PA!  = 0 || PB!  = 0 || PC!  = 0)
            {
                if( PA!  = 0)
                {
                    if(S1 = = 0)
                    {
                        usart_send(S[0]);
                        delay1ms(300);
                    }
                    else if(S2 = = 0)
                    {
                        usart_send(S[1]);
                        delay1ms(300);
                    }
                    else if(S3 = = 0)
                    {
                        usart_send(S[2]);
                        delay1ms(300);
                    }
                    else if(S4 = = 0)
```

```
            {
                usart_send(S[3]);
                 delay1ms(300);
            }
            else if(S5 = =0)
            {
                usart_send(S[4]);
                 delay1ms(300);
            }
            else if(S6 = =0)
            {
                usart_send(S[5]);
                 delay1ms(300);
            }
            else if(S7 = =0)
            {
                usart_send(S[6]);
                 delay1ms(300);
            }
            else if(S8 = =0)
            {
                usart_send(S[7]);
                 delay1ms(300);
            }
        }
    else if(PB! =0)
        {
            if(H1 = =0)
            {
                usart_send(H[0]);
                 delay1ms(300);
            }
            else if(H2 = =0)
            {
                usart_send(H[1]);
                 delay1ms(300);
            }
            else if(H3 = =0)
            {
                usart_send(H[2]);
                 delay1ms(300);
            }
            else if(H4 = =0)
```

```c
        {
            usart_send(H[3]);
             delay1ms(300);
        }
    }
else if( PC! =0)
    {
        if(H5 = =0)
        {
            usart_send(H[4]);
             delay1ms(300);
        }
        else if(H6 = =0)
        {
            usart_send(H[5]);
             delay1ms(300);
        }
        else if(H7 = =0)
        {
            usart_send(H[6]);
             delay1ms(300);
        }
        else if(S9 = =0)
        {
            usart_send(S[8]);
             delay1ms(300);
        }
        else if(S10 = =0)
        {
            usart_send(S[9]);
             delay1ms(300);
        }
        else if(S11 = =0)
        {
            usart_send(S[10]);
             delay1ms(300);
        }
        else if(S12 = =0)
        {
            usart_send(S[11]);
             delay1ms(300);
        }
        else if(S13 = =0)
```

```
                           }
                       usart_send(S[12]);
                        delay1ms(300);
                       }
                   }
               }
           }
       }
```

附录6:炮台程序

```c
#include <reg51.h>
#include <stdio.h>
#include <string.h>
#include <math.h>
#include "intrins.h"
#define uchar unsigned char
#define uint unsigned int


char XunBa_Flag = 1;
/* * * * * * * * * * * * * * * * * * * * * * * * * * * * * * * * * * * * * * * *
* * * * * * *
* * * * * * * * * * * * * * * 延时函数
* * * * * * * * * * * * * * * * * * * * *
* * * * * * * * * * * * * * * * * * * * * * * * * * * * * * * * * * * * * * * * *
* * * * * * * /
void delay1ms(unsigned int time)
{
    unsigned int i = 0, j = 0;
     for(i = 0; i < time; i + +)
      for(j = 0; j < 948; j + +);
}
void delay10us(unsigned int time)
{
    unsigned int i = 0, j = 0;
    for(i = 0; i < time; i + +)
     for(j = 0; j < 10; j + +);
}
/* * * * * * * * * * * * * * * * * * * * * * * * * * * * * * * * * * * * * * * *
* * * * * * *
* * * * * * * * * * * * * * * * 串口中断函数
* * * * * * * * * * * * * * * * * * * * * *
* * * * * * * * * * * * * * * * * * * * * * * * * * * * * * * * * * * * * * * * *
```

```
* * * * * * */
uchar UsartRecevie = 0,UsartFlag = 0;
void USART_INT(void) interrupt 4
{
    RI = 0;
    P0 = 0X00;
    UsartRecevie = SBUF;
    UsartFlag = 1;
}
void init_usart()
{
    TMOD = 0X21;
    TH1 = 0XFD;
    TL1 = 0XFD;
    TR1 = 1;
    REN = 1;
    SM0 = 0;
    SM1 = 1;
    ES = 1;
    EA = 1;
}
void usart_send(uchar msg)
{
    SBUF = msg;
    while(! TI);
    TI = 0;
    delay10us(100);
}


/* * * * * * * * * * * * * * * * * * * * * * * * * * * * * * * * * * * * * * *
* * * * * * * *
* * * * * * * * * * * * * *步进电动机1函数* * * *y 轴
* * * * * * * * * * * * * * * * * * * * *
* * * * * * * * * * * * * * * * * * * * * * * * * * * * * * * * * * * * * * *
* * * * * * */
#define FASTSPEED1 50    //周期 ms
#define SLOWSPEED1 10000
sbit IN1 = P0^0;
sbit IN2 = P0^1;
sbit IN3 = P0^2;
sbit IN4 = P0^3;
#define Moter1A IN1 = 1;IN2 = 0;IN3 = 0;IN4 = 0;
#define Moter1B IN1 = 0;IN2 = 1;IN3 = 0;IN4 = 0;
```

204

```c
#define Moter1C IN1 = 0;IN2 = 0;IN3 = 1;IN4 = 0;
#define Moter1D IN1 = 0;IN2 = 0;IN3 = 0;IN4 = 1;
#define Moter1AB IN1 = 1;IN2 = 1;IN3 = 0;IN4 = 0;
#define Moter1BC IN1 = 0;IN2 = 1;IN3 = 1;IN4 = 0;
#define Moter1CD IN1 = 0;IN2 = 0;IN3 = 1;IN4 = 1;
#define Moter1DA IN1 = 1;IN2 = 0;IN3 = 0;IN4 = 1;
int ycounter = 0;
void Moter1Step(double degree,unsigned int speed)
{
    static char state1 = 0;
    int counter = 0;
    counter = (int)(degree/0.9);
    ycounter = 0;
    while(counter! = 0)
    {
        if(UsartFlag = = 1&&XunBa_Flag = = 1)
        {
          break;
        }
        if(counter > 0)
        {
            state1 + +;
            counter - -;
            ycounter + +;
        }
        if(counter < 0)
        {
            state1 - -;
            counter + +;
            ycounter - -;
        }
        if(state1 > 7)state1 = 0;
        if(state1 < 0)state1 = 7;
        switch(state1)
        {
            case 0:Moter1A;break;
            case 1:Moter1AB;break;
            case 2:Moter1B;break;
            case 3:Moter1BC;break;
            case 4:Moter1C;break;
            case 5:Moter1CD;break;
            case 6:Moter1D;break;
            case 7:Moter1DA;break;
```

```
                default:break;
            }
            delay10us(speed);
        }
    IN1 = 0;
    IN2 = 0;
    IN3 = 0;
    IN4 = 0;
}
/* * * * * * * * * * * * * * * * * * * * * * * * * * * * * * * * * * * * * *
* * * * * * * *
* * * * * * * * * * * * * * * 步进电动机 2 函数 * * * x 轴
* * * * * * * * * * * * * * * * * * * * *
* * * * * * * * * * * * * * * * * * * * * * * * * * * * * * * * * * * * * * *
* * * * * * * /
#define FASTSPEED2 50    //周期 ms
#define SLOWSPEED2 10000

sbit IN5 = P0^4;
sbit IN6 = P0^5;
sbit IN7 = P0^6;
sbit IN8 = P0^7;

#define Moter2A IN5 =1;IN6 =0;IN7 =0;IN8 =0;
#define Moter2B IN5 =0;IN6 =1;IN7 =0;IN8 =0;
#define Moter2C IN5 =0;IN6 =0;IN7 =1;IN8 =0;
#define Moter2D IN5 =0;IN6 =0;IN7 =0;IN8 =1;
#define Moter2AB IN5 =1;IN6 =1;IN7 =0;IN8 =0;
#define Moter2BC IN5 =0;IN6 =1;IN7 =1;IN8 =0;
#define Moter2CD IN5 =0;IN6 =0;IN7 =1;IN8 =1;
#define Moter2DA IN5 =1;IN6 =0;IN7 =0;IN8 =1;

int xcounter =0;
void Moter2Step(float degree,unsigned int speed)
{
    static char state2 =0;
    int counter =0;
    counter =(int)(degree/0.9);
    while(counter! =0)
    {
        if(UsartFlag = =1&&XunBa_Flag = =1)
        {
            break;
```

```
        }
        if( counter > 0 )
        {
            state2 + +;
            counter − −;
            xcounter + +;
        }
        if( counter < 0 )
        {
            state2 − −;
            counter + +;
            xcounter − −;
        }
        if( state2 > 7 )state2 = 0;
        if( state2 < 0 )state2 = 7;
        switch( state2 )
        {
            case 0:Moter2A;break;
            case 1:Moter2AB;break;
            case 2:Moter2B;break;
            case 3:Moter2BC;break;
            case 4:Moter2C;break;
            case 5:Moter2CD;break;
            case 6:Moter2D;break;
            case 7:Moter2DA;break;
            default:break;
        }
            delay10us( speed );
    }
    IN5 = 0;
    IN6 = 0;
    IN7 = 0;
    IN8 = 0;
}
/* * * * * * * * * * * * * * * * * * * * * * * * * * * * * * * * * * * *
* * * * * * * *
* * * * * * * * * * * * * * * 手动/自动函数
* * * * * * * * * * * * * * * * * * * * *
* * * * * * * * * * * * * * * * * * * * * * * * * * * * * * * * * * * * * *
* * * * * * */
sbit MODEL = P3^7; // 1 自动   0 手动
#define ZIDONG 1
#define SHOUDONG 0
```

```
sbit SHANG = P2^0;
sbit XIA = P2^1;
sbit ZUO = P2^2;
sbit YOU = P2^3;
sbit SPEEDSWITCH = P2^4; //1 快速 0 慢速
#define KUAI 1
#define   MAN   0
/* * * * * * * * * * * * * * * * * * * * * * * * * * * * * * * * * * * * * * * *
* * * * * * *
* * * * * * * * * * * * * * 激光发射按钮函数
* * * * * * * * * * * * * * * * * * * * *
* * * * * * * * * * * * * * * * * * * * * * * * * * * * * * * * * * * * * * * * *
* * * * * * * /
sbit FASHE_ANNIU = P2^0;
#define FASHE_SIGNAL 0
#define BUFASHE_SIGNAL 1
/* * * * * * * * * * * * * * * * * * * * * * * * * * * * * * * * * * * * * * * *
* * * * * * *
* * * * * * * * * * * * * * 打靶示意函数
* * * * * * * * * * * * * * * * * * * * *
* * * * * * * * * * * * * * * * * * * * * * * * * * * * * * * * * * * * * * * * *
* * * * * * * /
sbit ShiYi = P3^6;          //0 有效
#define SHIYI_ON(); ShiYi = 0;
#define SHIYI_OFF(); ShiYi = 1;
/* * * * * * * * * * * * * * * * * * * * * * * * * * * * * * * * * * * * * * * *
* * * * * * *
* * * * * * * * * * * * * * 串口函数
* * * * * * * * * * * * * * * * * * * * *
* * * * * * * * * * * * * * * * * * * * * * * * * * * * * * * * * * * * * * * * *
* * * * * * * /
#define EnablePrintf(); TI = 1;
/* * * * * * * * * * * * * * * * * * * * * * * * * * * * * * * * * * * * * * * *
* * * * * * *
* * * * * * * * * * * * * 加速度计 ADC 初始函数
* * * * * * * * * * * * * * * * * * * *
* * * * * * * * * * * * * * * * * * * * * * * * * * * * * * * * * * * * * * * * *
* * * * * * * /
* * * * * * * * * * * * * * ADC 定义部分
* * * * * * * * * * * * * * * * * * * * * *
/* Define ADC operation const for ADC_CONTR * /
sfr ADC_CONTR = 0xBC; //ADC control register
sfr ADC_RES = 0xBD; //ADC high 8 - bit result register
```

208

```c
sfr ADC_LOW2  = 0xBE; //ADC low 2 - bit result register
sfr P1ASF = 0x9D; //P1 secondary function control register
#define ADC_POWER 0x80 //ADC power control bit
#define ADC_FLAG 0x10 //ADC complete flag
#define ADC_START 0x08 //ADC start control bit
#define ADC_SPEEDLL 0x00 //540 clocks
#define ADC_SPEEDL 0x20 //360 clocks
#define ADC_SPEEDH 0x40 //180 clocks
#define ADC_SPEEDHH 0x60 //90 clocks
void InitADC()
{
    P1ASF = 0xfe; //Open 1 channels ADC function P1^0
    ADC_RES = 0; //Clear previous result
    ADC_CONTR = ADC_POWER;
    delay1ms(2); //ADC power - on and delay
}
uchar GetADCResult(uchar ch)
{
ADC_CONTR = ADC_POWER | ch | ADC_START;
_nop_(); //Must wait before inquiry
_nop_();
_nop_();
_nop_();
while (! (ADC_CONTR & ADC_FLAG)); //Wait complete flag
ADC_CONTR & = ~ADC_FLAG; //Close ADC
return ADC_RES; //Return ADC result
}


/* * * * * * * * * * * * * * * * * * * * * * * * * * * * * * * * * * * * * * * *
* * * * * * * *
* * * * * * * * * * * * * * * * * * * * * *手动控制函数
* * * * * * * * * * * * * * * * * * * * * *
* * * * * * * * * * * * * * * * * * * * * * * * * * * * * * * * * * * * * * * *
* * * * * * * /

void ifshoudong(void)
{
    //shoudonginit();
    if(MODEL = = SHOUDONG)
        {
            if(SPEEDSWITCH = = KUAI)
            {
                if(SHANG = = 0)
```

```
        {
            Moter1Step(1,FASTSPEED1);
        }
        if(XIA= =0)
        {
            Moter1Step( -1,FASTSPEED1);
        }
        if(ZUO= =0)
        {
            Moter2Step( -1,FASTSPEED2);
        }
        if(YOU= =0)
        {
            Moter2Step(1,FASTSPEED2);
        }
    }
    if(SPEEDSWITCH= =MAN)
    {
        if(SHANG= =0)
        {
            delay1ms(10);
          if(SHANG= =0)
            Moter1Step(1,SLOWSPEED1);
        }
        if(XIA= =0)
        {
            delay1ms(10);
        if(XIA= =0)
            Moter1Step( -1,SLOWSPEED1);
        }
        if(ZUO= =0)
        {
            delay1ms(10);
        if(ZUO= =0)
            Moter2Step( -1,SLOWSPEED2);
        }
        if(YOU= =0)
        {
            delay1ms(10);
        if(YOU= =0)
            Moter2Step(1,SLOWSPEED2);
        }
    }
```

210

```
            }
}
/* * * * * * * * * * * * * * * * * * * * * * * * * * * * * * * * * * *
* * * * * * * *
* * * * * * * * * * * * * * * * * * * * 位置初始化函数
* * * * * * * * * * * * * * * * * * * * * *
* * * * * * * * * * * * * * * * * * * * * * * * * * * * * * * * * * * *
* * * * * * */
#define INIT_Y 25
sbit X_TIG = P2^6;
void init_x()
{
    if(MODEL = = ZIDONG)
    {
        while(X_TIG! = 0)
        {
            Moter2Step( - 1,FASTSPEED2);
        }
    }
}
void init_y()
{
    uint timecounter = 0;
    char step = 0;
    uint speed = 100;
    uchar degree = 0;
    if(MODEL = = ZIDONG)
    {
        degree = GetADCResult(0);
        while((degree + INIT_Y! = 127))
        {
            if(degree + INIT_Y > 127)
            step = 1;
            else if(degree + INIT_Y < 127)
            step = - 1;
            else step = 0;

            if(degree + INIT_Y > 127 + 3) speed = 1;
            else if(degree + INIT_Y > 127 + 2) speed = 5;
            else if(degree + INIT_Y > 127 + 0) speed = 10;
            if(degree + INIT_Y < 127 - 3) speed = 1;
            else if(degree + INIT_Y < 127 - 2) speed = 5;
            else if(degree + INIT_Y < 127 - 0) speed = 10;
```

```
                Moter1Step(step,speed * 100);        ///////////////////////////////
                degree = GetADCResult(0);
                timecounter + +;
            }
            timecounter = 0;
        }
}
/* * * * * * * * * * * * * * * * * * * * * * * * * * * * * * * * * * * * * * * *
* * * * * * *
* * * * * * * * * * * * * * * * * * 自动控制函数
* * * * * * * * * * * * * * * * * * * *
* * * * * * * * * * * * * * * * * * * * * * * * * * * * * * * * * * * * * * * *
* * * * * * */
#define XIAXINGJULI 100
uchar code S[13] = {1,2,3,4,5,6,7,8,9,10,11,12,13};
double code S_Y[13] = {52.0,35.6,22.6,13.3,7.6,3.7,0.0, -3.6, -7.4, -13.0, -24.0,
-40.0, -56.0};

double code H_X[7] = {17.0,9.4,3.6,0, -3.6, -9.2, -16.8};
#define HangJu 90
#define HangShu 50
#define GeShu 5
char SaoMiaoFangXiang = 0;
void zidong_scan()
{
    double deta_x = 0,deta_y = 0;
    char i = 0;
    int counter = 0;
    char dir = 1;
    i = GeShu;

    xunba1:
    if(UsartFlag = =1)
    {
        UsartFlag = 0;
        XunBa_Flag = 0;
        counter = 0;
        if(SaoMiaoFangXiang = =1)
        {
            dir = -1;
            XunBa_Flag =1;
            while(UsartFlag = =0)
            {
```

```
            counter + + ;

            Moter2Step(dir,SLOWSPEED2 /2);
            if(counter >200)
            {
                dir = - dir;
                Moter1Step(1,SLOWSPEED2 /2);
                counter =0;


            }
    }
}
if(SaoMiaoFangXiang = = -1)
{
    dir =1;
    XunBa_Flag =1;
    while(UsartFlag = =0)
    {
    counter + + ;

    Moter2Step(dir,SLOWSPEED2 /2);
    if(counter >200)
    {
            dir = - dir;
            Moter1Step(1,SLOWSPEED2 /2);
            counter =0;
    }
    }
}
    XunBa_Flag =0;

    for(i =0;i <13;i + +)
    {
        if(S[i] = =UsartRecevie)
        {
          deta_y = S_Y[i] /3000 *180 /3.14 *35;
           Moter1Step( - deta_y,SLOWSPEED2 /2);
           SHIYI_ON();
        }
    }
    Moter2Step( -75,SLOWSPEED2 /2);
    delay1ms(1000);
    usart_send(0xaa);
```

```
        SHIYI_OFF();
        while(1)
        {
            SHIYI_ON();
            delay1ms(1000);
            SHIYI_OFF();
            delay1ms(1000);
        }
/*          UsartFlag = 0;

    for(i = 0;i < 13;i + +)
    {
    if(S[i] = = UsartRecevie)
    {
            deta_y - S_Y[i]/3000 * 180/3.14 * 35;                    //
            if(deta_y = = S_Y[7]||deta_y = = S_Y[8]||deta_y = = S_Y[6])  //S7
S6 S8 已经对准 接着对准 X = 0
            {
            Moter1Step( - deta_y,SLOWSPEED1);           //走到 X = 0 Y = 0
            Moter1Step( - 80,SLOWSPEED1);           //  走到 X = 0 Y = - 75
    ycounter
xunba2:          if(UsartFlag = = 1)                        //对准 X = 0
                {
                UsartFlag = 0;
                for(i = 0;i < 7;i + +)
                {
                if(H[i] = = UsartRecevie)
                {
                    deta_x = H_X[i]/3000 * 180/3.14 * 35;
                    Moter2Step(deta_x,SLOWSPEED2);          //走到
X = 0 Y = - 75;
                    Moter1Step(75,SLOWSPEED1);          //走到
X = 0 Y = 0;
                    delay1ms(5000);
                SHIYI_ON();
                usart_send(0xAA);                        //开炮
                delay1ms(500);
                usart_send(0xAA);                        //开炮
                delay1ms(500);
                usart_send(0xAA);                        //开炮
                SHIYI_OFF();
                while(1);                        //任务完
成,进入死循环
214
```

```
                        }
                    }
                }
                else
                {
                        UsartFlag = 0;
                            Moter2 Step(10,SLOWSPEED2);              //走到
bb:
X = 0 Y = 1

                        if(UsartFlag = =1)goto xunba2;
                         Moter1 Step(20,SLOWSPEED1);                 //回 X = 0

Y = 0 等待中断
                        if(UsartFlag = =1)goto xunba2;
                        else
                        {
                         Moter2 Step(10,SLOWSPEED2);                 //走到 X =
0 Y = 1
                         Moter1 Step( -20,SLOWSPEED2);               //回 X =

0 Y = 0 等待中断
                            goto bb;
                    }
                }
                    break;
            }
            Moter2 Step( -10,SLOWSPEED2);
            Moter1 Step( -deta_y,SLOWSPEED1);          //走到 X = 0 Y = 0
            Moter2 Step(10,SLOWSPEED2);                //回 X = 75 Y = 0 等
待中断
            if(UsartFlag = =1)goto xunba1;
            else
            {
              Moter1 Step(1,SLOWSPEED1);               //走到 X = 0 Y = 1
aa:
              if(UsartFlag = =1)goto xunba1;
              Moter2 Step( -20,SLOWSPEED2);            //回 X = 0 Y = 0 等待中断
              if(UsartFlag = =1)goto xunba1;
              else
              {
                Moter1 Step(1,SLOWSPEED1);             //走到 X = 0 Y = 1
                Moter2 Step(20,SLOWSPEED2);            //回 X = 0 Y = 0 等待中断
                goto aa;
              }
            }
        }
    }
} */
```

215

```c
            }
        while( i > 0 )
        {
            SaoMiaoFangXiang = 1;        //右
            Moter2Step( 180 * 35 , HangShu );
            if( UsartFlag = =1 ) goto xunba1;
            Moter1Step( - HangJu , FASTSPEED1 );        //下一行
            SaoMiaoFangXiang = -1;    //左
            Moter2Step( -180 * 35 , HangShu );
            if( UsartFlag = =1 ) goto xunba1;
            Moter1Step( - HangJu , FASTSPEED1 );
            i - - ;
        }
        i = GeShu;
        Moter1Step( HangJu /2 , FASTSPEED1 );
        while( i > 0 )
        {
            SaoMiaoFangXiang = 1;
            Moter2Step( 180 * 35 , HangShu );
            if( UsartFlag = =1 ) goto xunba1;
            Moter1Step( HangJu , FASTSPEED1 );
            SaoMiaoFangXiang = -1;
            Moter2Step( -180 * 35 , HangShu );
            if( UsartFlag = =1 ) goto xunba1;
            Moter1Step( HangJu , FASTSPEED1 );
            i - - ;
        }

        //Moter1Step( - XIAXINGJULI , SLOWSPEED1 );
        init_x();
        init_y();
}
void ifzidong( void )
{
    init_x();
    init_y();
    while( 1 )
    {
        zidong_scan();
    }
}

/* * * * * * * * * * * * * * * * * * * * * * * * * * * * * * * * * * * * * *
```

```
*  *  *  *  *  *  *
*  *  *  *  *  *  *  *  *  *  *  *  *  *主函数函数
*  *  *  *  *  *  *  *  *  *  *  *  *  *  *  *  *  *
*  *  *  *  *  *  *  *  *  *  *  *  *  *  *  *  *  *  *  *  *  *  *  *  *  *  *  *  *  *  *  *  *  *  *  *  *  *  *  *  *  *  *
*  *  *  *  *  *  * /
main(void)
{
    P0 = 0X00;
    MODEL = 1;
    SHIYI_OFF();
    PS = 1;                //串口优先级最高
//   init_usart();
     InitADC();
     while(1)
     {
//    if(MODEL = = SHOUDONG)
//      {
//          ifshoudong();
//      }
//    else if(MODEL = = ZIDONG)
//      {
            init_usart();
            ifzidong();
//      }
     }
}
```

4.2.5 调试及故障分析

1. 测试电子靶

测试方法:用激光笔分别打到每1环上。

测试仪器:激光笔。

测试结果:电子靶能语音播报该次打靶的环数、总环数,并能显示该次打靶环数及总环数。

2. 测试手动打靶

测试方法:把电子靶和炮台摆放好后,开始计时,用手动控制炮塔,瞄准电子靶,瞄准完毕,连续发射三炮,总时间小于120s(脱靶则视为没有完成)。

3. 测试自动打靶

测试方法:炮台摆放好后,参赛队员按下按钮,开始计时。参赛队员离开炮台,炮塔自动搜索电子靶,搜索完成后,炮台提示搜索完成。延时5s后,炮台示意开始发炮,炮塔自动连续发射三炮后,示意完成。(三次全部脱靶,表示自动瞄准没有完成。)时间小于100s。

4.3 AVR 单片机对舵机的精确控制

4.3.1 项目简介

在 21 世纪的今天,随着自动化时代的到来,人们对自动控制的要求越来越高。例如微型自动机器人的手臂及各个关节,如果直接用电机控制则较为繁琐,结构复杂不宜于调试。而微型舵机却可以很好地解决这个问题。微型舵机在现今的控制中有着很重要的地位。

一些特殊用途型舵机用于专项任务,如收索机(帆船)、起落架蛇机等。另外,还有一些耐高温和可防水的舵机,主要用于科学研究和工业方面,一般模型很少采用,但近年来随着模型产品的发展,这种舵机在民用模型领域发展迅速。

在机器人机电控制系统中,舵机控制效果是性能的重要影响因素。舵机可以在微机电系统和航模中作为基本的输出执行机构。其简单的控制和输出使得单片机系统非常容易与之接口。

本节介绍 AVR 单片机内部 AD 及对舵机的精确控制,我们将一个 10k 的电位器作为控制器,通过 AVR 单片机(Atmega16)采集电位器输出的模拟量来实现舵机角度的精确调节。

4.3.2 元器件清单

元器件清单见表 4 - 2。

表 4 - 2　元器件清单

元器件	数　量
ATmega16 单片机最小系统	1 个
模拟舵机	1 个
10K 电位器	1 个

4.3.3 主要电路解析

1. Atmega16 简介

AVR 单片机是美国 ATMEL 公司生产的增强 RISC、内载 Flash 的高性能 8 位单片机,其中 ATmega16 是基于增强的 AVR RISC 结构的低功耗 8 位 CMOS 微控制器。具有 16K 字节的系统内可编程 Flash(具有同时读写的能力,即 RWW),512 字节 EEPROM,1K 字节 SRAM,32 个通用 I/O 口线,32 个通用工作寄存器,用于边界扫描的 JTAG 接口,支持片内调试与编程,3 个具有比较模式的灵活的定时器/ 计数器(T/C),片内/外中断。也可编程串行 USART,有起始条件检测器的通用串行接口,8 路 10 位具有可选差分输入级可编程增益(TQFP 封装)的 ADC,具有片内振荡器的可编程看门狗定时器,1 个 SPI 串行端口,以及六个可以通过软件进行选择的省电模式。它执行速度快,有良好的性能价格比,因而得到越来越广泛的应用。

2. 舵机简介

舵机英文叫 Servo,也称伺服电机。其特点是结构紧凑、易于安装调试、控制简单、大扭力、成本较低等。舵机的主要性能取决于最大力矩和工作速度,适用于那些需要角度不断变化并保持的控制系统。舵机通常采用脉宽调制信号(PWM)控制,即给它提供一定的脉宽,它的输出轴就会保持在一个相对应的角度上,无论外界转矩怎样改变,直到给它提供一个另外宽度的脉冲信号,它才会改变输出角度到新的对应的位置上。其控制信号的周期是 20m/s 的脉宽调制(PWM)信号。如图 4 – 17 所示,其中脉冲宽度为 0.5 ~ 2.5 m/s,相对应舵盘的位置为 0° ~180°,呈线性变化。

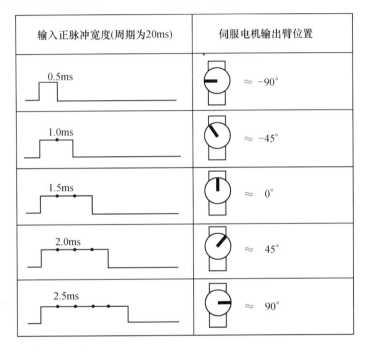

图 4 – 17   舵机输出转角与输入信号脉冲宽度的关系

3. 硬件连接

Atmega16 最小系统如图 4 – 18 所示,在此我们采用 Atmega16 的 PA(ADC0)口作为控制器的输入端连接电位器中间一脚,电位器两边引脚分别接电源 VCC 和 GND。旋转电位器便可输出连续变化的电压,此时通过 Atmega16 内部 10 位精度的 AD 实时采样(图 4 –19),将输入的模拟量进行转化,进而调节 PWM 的输出占空比。舵机共有 3 根输入线,分别是电源线 VCC、地线 GND 和控制信号线。在这里我们采用 Atmega16 的 16 位定时器/计数器实现 PWM 信号的精确输出。

4.3.4   C 语言调试及编程指导

1. AD 采样程序分析

在这里我们采用 Atmega16 片内 2.56V 的基准电压,0 通道输入连续转换模式。在默认条件下,逐次逼近电路需要一个 50 ~200kHz 的输入时钟以获得最大精度,ADC 模块包括一个预分频器,它可以由任何超过 100kHz 的 CPU 时钟来产生可接受的 ADC 时钟,在

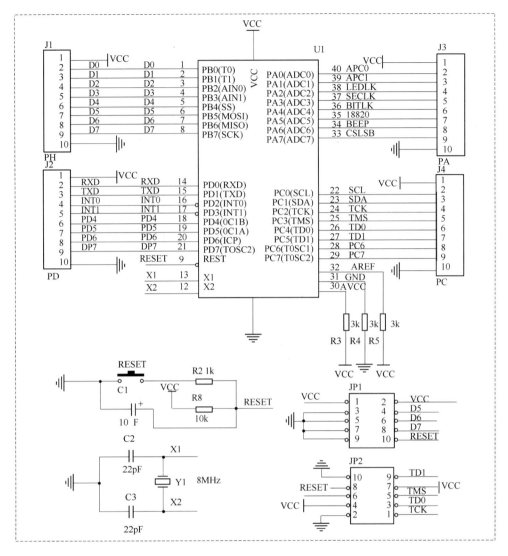

图 4-18 ATmega16 最小系统

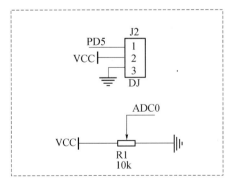

图 4-19 舵机及 AD 输入

此我们选用 8M 晶振 64 分频。ADC 通过逐次逼近的方法将输入的模拟电压转换成一个 10 位的数字量,存放于 ADC 数据寄存器 ADCH 及 ADCL 中,我们只要读取这个数字量并转换成所需整型即可,具体过程由以下程序完成。

```
void ADC_init(void) //AD 初始化子函数
{
ADCSRA = 0xE4; //ADC 使能;ADC 开始转换;
连续转换;64 分频 ADCSRA |= (1 < <ADEN)|(1 < <ADSC
)|(1 < <ADATE)|(1 < <ADPS2)|(1 < <ADPS1); 可采用 ADC
中断
ADMUX = 0xC0; //内部 2.56V 参考电压;输
入通道为 PD0;输出结果右对齐
}
uint ADC_convert(void) //模数转换子函数
{
uint temp1,temp2;
temp1 = (uint)ADCL;
temp2 = (uint)ADCH; //取得模数转换值
temp2 = (temp2 < <8) + temp1;
return(temp2);
}
uint Conv(uint i) //数据转换子函数
{
long x;
uint y;
x = (5000 * (long)i)/1024; //将变量 i 转换成需要
现实的形式 1024 份 =2 的 10 次方(低 8 位高两位)
y = (uint)x; //x 强制转换成整型
return y;
}
```

2. 舵机控制程序分析

在此部分我们使用相位与频率修正 PWM 模式(简称相频修正 PWM 模式)。它可以产生高精度的、相位与频率都准确的 PWM 波形。我们通过 AD 采样得出的 1～500 连续变化的整数来控制输出周期为 20m/s,脉宽为 0.5～2.5m/s 的脉冲,进而控制舵机由 −90°～90°角的连续变化。

```
void Pwm_init(void)
{
DDRA |= (1 < <5); //将 OC1A 管脚配置为输出
TCCR1A = 0x80; //相频修正 PWM 模式
TCCR1B = 0x12;
ICR1H = 0x60; //初始频率
ICR1L = 0x80;
OCR1AH = 0x10; //初始占空比
```

```
OCR1AL = 0x80;
}
void Pwm_vary(void)   //PWM 变化输出
{
Pwm_s = AD_val /2;
OCR1AL = Pwm_s;
}
```

3. 主函数

```
int main(void)
{
port_init();   //端口初始化
adc_init();
timer0_init();
Pwm_init();   //初始化定时器
while(1)
{
if(cnt >10)
{
adc_val = ADC_convert();
dis_val = Conv(adc_val);
AD_val = dis_val /10;
cnt = 0;
}
delay(1000);
Pwm_vary();
}
}
```

4.3.5   调试及故障分析

在调试舵机时,一定要注意舵机的电源线,还有信号线不要接反了。

对于 AVR 单片机下载程序时,熔丝位的烧写一定要按照规范来操作,这里不做详细说明。

4.3.6   小结与思考

1. 小结

舵机是遥控模型控制动作的动力来源,不同类型的遥控模型所需的舵机种类也随之不同。对于舵机的精确控制在航模控制方面是相当重要的。

舵机是一种位置(角度)伺服的驱动器,适用于那些需要角度不断变化并可以保持的控制系统。目前在高档遥控玩具,如航模,包括飞机模型、潜艇模型、遥控机器人中也使用得比较普遍。舵机是一种俗称,其实是一种伺服马达。

ATmega16通过将8位 RISC CPU 与系统内可编程的 Flash 集成在一个芯片内,成为一个功能强大的单片机,为许多嵌入式控制应用提供了灵活而低成本的解决方案。

2. 思考

(1)舵机的工作原理是什么?

(2)怎样才能更精确地控制舵机?

(3)在舵机的控制中,如果发现舵机在发抖可能是什么原因造成的?

4.4 宽带直流放大器系统设计

4.4.1 项目简介

放大器是能把输入信号的电压或功率放大的装置,由电子管或晶体管、电源变压器和其他电器元件组成。宽带放大器可以作为高频功率放大器使用,高频功率放大器是一种能量转换器件,它将电源供给的直流能量转换成为高频交流输出,因而可以用宽带放大器作为发射机的末级,作用是将高频已调波信号进行功率放大,以满足发送功率的要求,然后经过天线将其辐射到空间,保证在一定区域内的接收机可以接收到满意的信号电平。

本项目设计了一种增益连续可调的宽带直流放大器,通过单片机 AT89S52 控制数模转换器 TLV5638 来改变可变增益放大器 AD8336 增益的大小,实现了增益连续变化及预置增益以及显示的功能。此宽带直流放大器电压增益在 0 ~ 60dB 连续可调,3dB 通频带为 0 ~ 10MHz,其中在 0 ~ 9MHz 通频带内增益起伏 ≤1dB,最大输出电压正弦波有效值 $V_o \geq 10V$ 并无明显失真。

4.4.2 元器件清单

元器件清单见表 4 – 3。

表 4 – 3 元器件清单

元器件	数 量
AT89S52 最小系统	1 个
TLV5638	1 片
AD8336	1 片
电阻,电容	若干

4.4.3 主要电路解析

1) 系统整体设计方案

系统分为信号处理和控制电路两部分。信号处理电路主要由跟随器模块、可变增益放大器电路和功率放大电路组成。前级放大模块采用超高速运放 THS3001。可变增益放大器采用 AD8336,其在 60dB 的增益范围提供 100MHz 带宽,并且易于 DAC 控制。输出部分采用分立的高频元件组成能调节输出阻抗的功率放大网络,提高带负载能力;系统通过 AT89S52 实现系统的控制,将键盘和 ALPS 旋钮输入信号通过 DAC 输出,以控制 AD8336 的放大增益,实现增益连续可调。系统框图如图 4 – 20 所示。

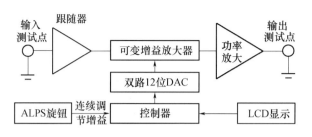

图 4 - 20   系统整体框图

2）硬件设计

（1）前级跟随电路

前级跟随电路以 THS3001 为核心,它具有高达 6500V/μs 的转换速率,420MHz 的通频带和良好的带内平坦度,在 110MHz 时,增益仅下降 0.1dB。它有效地增大了输入阻抗。设计跟随模块如图 4 - 21 所示。

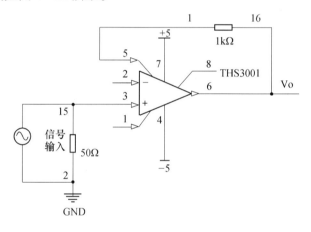

图 4 - 21   跟随电路

（2）增益放大电路

增益放大模块由 AD8336 超高频宽带放大集成电路及外围电路组成,将前级 THS3001 输出的信号进行放大,放大信号通过单片机进行控制实现 AD8336 的增益大小,根据不同的要求可以实现增益连续变化、稳定增益变化和预置增益等功能,如图 4 - 22 所示。

（3）单片机增益预置控制电路

控制模块采用单片机 AT89S52,通过控制 TLC518 输出的两路电压差来调节 AD8336 的增益,从而实现 0 ~ 60dB 连续可调的增益控制。控制电路如图 4 - 23 所示。

4.4.4   C 语言编程指导

软件设计基于模块化和层次化的设计原则,模块包含液晶模块、键盘扫描模块、串口驱动模块、DA 控制模块,主程序采用状态机的设计方式实现。主程序通过键盘扫描的形式判断各个按键的状态,并将按键的状态存储到一个先入先出的缓冲区,等待系统的处理,增强系统对按键的处理能力。系统主程序流程如图 4 - 24 所示。

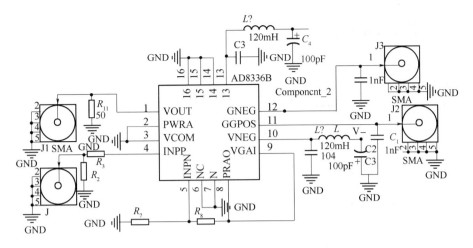

图 4-22　增益控制模块

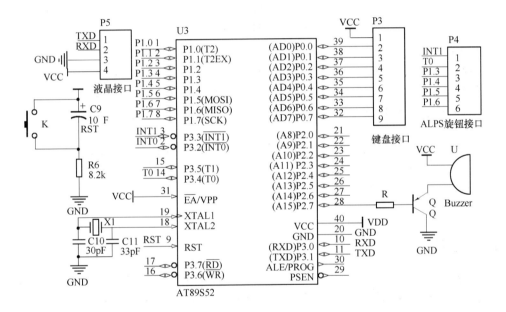

图 4-23　单片机控制模块

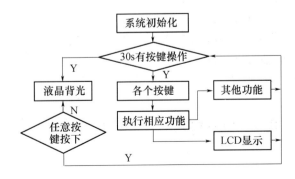

图 4-24　主程序流程图

4.4.5　调试及故障分析

1）增益通频带仿真测试

将设计电路采用 Tina 软件进行仿真,设 VGain 为 −0.1224V,仿真结果如下,分析可得,3dB 通频带大于 0 ~ 10MHz;在 0 ~ 9MHz 通频带内增益起伏≤1dB。

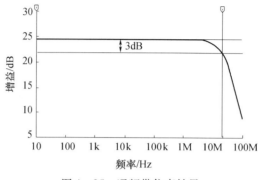

图 4 − 25　通频带仿真结果

2）测试

用函数发生器产生 10mV(0Hz)的直流信号,接到宽带直流放大器的输入端,调节增益旋钮,使放大器增益为 60dB,采用示波器察看输出端的波形是否为直流形式,并读出其幅度。测试数据见表 4 − 4,由测试数据可知,设计的系统实现了直流放大器的设计。

表 4 − 4　直流测试

发生器产生直流信号电压值/mV	仪表输出端信号电压值/V
10	9.9
5	4.8
2	1.8

4.4.6　小结

根据数字系统对宽带直流放大器的要求,介绍了一种基于 AD8336 的宽带直流放大器的设计过程和仿真结果。仿真结果表明,采用该设计能实现增益的预置以及连续可调,基本能满足宽带直流放大器的应用需要。

存在问题及改进措施:①在每个模块都能正常工作的情况下,整机连调的时候会出现“共地”问题,导致整机会有一个 50Hz 的工频干扰,改进措施是系统地线不能出现环路,所有地线最好一点接地,包括单片机的数字地和模拟地。②在方案实施过程中,由于时间比较紧,来不及制版,而实验板的结构受限,导致频率过高的时候会引入干扰。如果能在精确调整之后,将整体电路利用 PCB 开出电路板,减少连线引起的干扰,一定可以提高精度和性能。

4.5　基于 ATmega128 的移动激光打靶系统

4.5.1　项目简介

通过“移动激光打靶系统”,实现车载远距离激光打靶的功能,而且可以利用手柄经上位机控制车载靶并能将打中靶的环数返回到上位机界面处理的功能,真正的实现灵活打靶与远距离报靶的功能。改善传统的、形式单一的固定式打靶,可以更好地模仿复杂多变的战场环境。利用激光头作为发射源,既清洁又安全。

4.5.2 元器件清单

元器件清单见表4－5。

表4－5 元器件清单

元器件	数 量
ATmega128 最小系统	1 个
无线 NRF24l01 模块	1 个
激光接受管	若干
直流电机	2 个
控制手柄	1 个

4.5.3 主要电路解析

1. ATmega128 最小系统

最小系统设计的模块包括复位电路、ISP、JTAG 等,通过排针将单片机的所有资源引出。具体的 PCB 电路如图 4－26 所示。

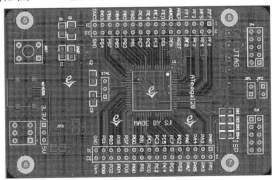

图4－26 ATmega128 最小系统

2. 电动机驱动

电动机驱动采用 L298N 作为驱动芯片,L298N 是 ST 公司生产的一种高电压、大电流电动机驱动芯片。该芯片采用 15 脚封装。主要特点是:工作电压高,最高工作电压可达 46V;输出电流大。瞬间峰主要特点是:主要特点是工作电压高,输出电流大,值电流可达 3A,持续工作电流为 2A,额定功率 25W,内含两个 H 桥的高电压。大电流全桥式驱动器,可以用来驱动直流电动机和步进电动机、继电器线圈等感性负载;采用标准逻辑电平信号控制;具有两个使能控制端,在不受输入信号影响的情况下允许或禁止器件工作有一个逻辑电源输入端,使内部逻辑电路部分在低电压下工作;可以外接检测电阻,将变化量反馈给控制电路。其设计的电路图如图 4－27 所示。

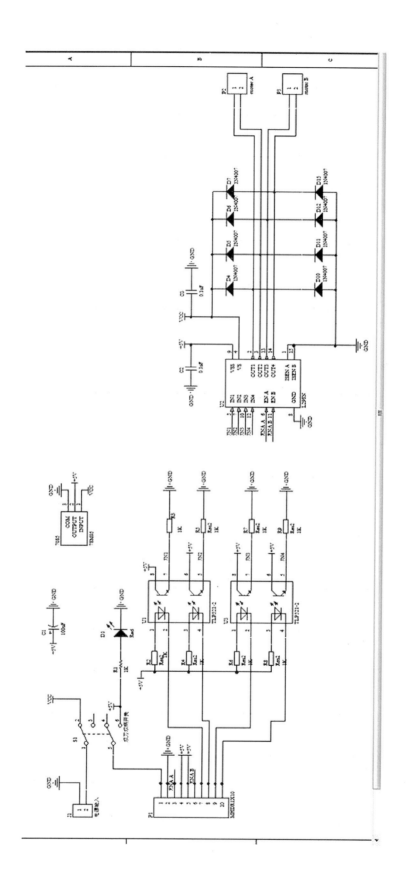

图 4-27 电动机驱动原理图

228

3. 激光接收靶

作为系统中重要的设计环节,激光接收靶的布局和激光接受管的选择都经过甚重的考虑。最后选择了 FT - 009M 型的激光接收管,其能接收 980nm 波长的激光,并且由于集成程度好,能很好地过滤其他的杂质光线的干扰。激光管布局上采用和传统靶结构相似的环形结构。通过计算激光头发射出光线后光斑的扩散程度,在 100m 的可控的范围内,对激光靶上的激光接收管进行布局,最后的布局后的 PCB 转印图如图 4 - 28 所示。

图 4 - 28　激光靶的 pcb 转印图

4. 软件系统的设计

上位机系统采用 VC + + 设计,结合 JoyStick 和 Mscoom 控件编写,易于实现手柄遥控经串口发送控制命令的目地。设计的上位机采用对话框形式,简洁的控制面板使得系统实现起来更为方便。具体的设计如图 4 - 29 ~ 图 4 - 31 所示。

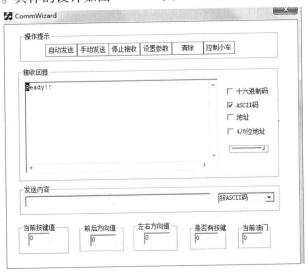

图 4 - 29　系统开启时,上位机状态显示

上位机编写实现远程打靶后的终端显示功能,由于采用 VC + + 编写,所以在底层函数方面做的很细,因而上位机系统稳定而可靠。

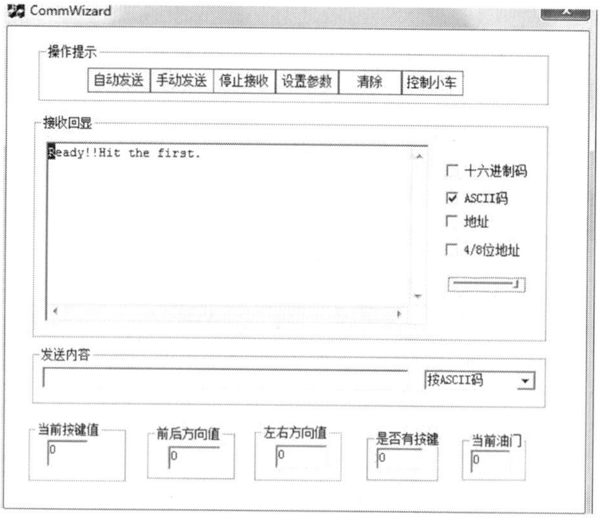

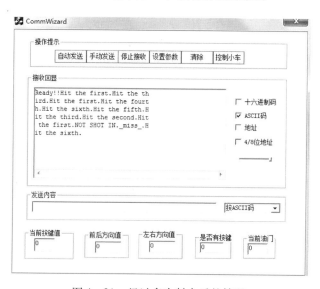

图 4 – 30　打中第　环时上位机显示状况

图 4 – 31　经过多次射击后的情况

4.5.4　调试及故障分析

在编写上位机系统时,尤其是涉及串口通信的上位机,常常出现电脑蓝屏现象,所以在正式运行上位机和单片机系统通信时,一定要仔细检查程序是否有漏洞存在。

另外,焊接靶电路的时候,注意不要让线短路,否则可能会使整个电路失败,甚至发生烧毁的严重后果。

4.5.5　小结与思考

上位机是指人可以直接发出操控命令的计算机,一般是 PC,屏幕上显示各种信号变化(液压、水位、温度等)。下位机是直接控制设备、获取设备状况的计算机,一般是 PLC/

单片机之类的。上位机发出的命令首先给下位机,下位机再根据此命令解释成相应时序信号直接控制相应设备。下位机不时读取设备状态数据(一般为模拟量),转换成数字信号反馈给上位机。将单片机系统结合上位机系统进行开发。可以使得系统界面变得更加人性化。

4.6 温度报警器

4.6.1 项目简介

本系统以单片机 STC89C52 为核心,基于 DS18B20 的数字式温度测量报警系统,实现对温度的测量及显示高温、低温报警,并且系统具有一定的抗干扰能力。整个系统的控制对象为温度检测对象,温度检测元件为温度传感器控制芯片 DS18B20,通过对环境温度进行测量后,将转化后的信号数据传给主控芯片 STC89C52 进行处理判断并存储起来,同时将数据传给显示电路以显示,如果超温,主控芯片再传送信号给报警电路警示。主要的功能如下。

(1)温度的显示采集与处理。

(2)温度与设定的上限温度进行对比,不符合要求发出报警信号。

(3)有的温度报警系统还需要加入控制模板实现对测量对象的控制功能。

(4)数字式温度报警系统分为数据的产生;数据的转换;数据的存储与显示;主控电路。

4.6.2 元器件清单

元器件清单见表4 - 6。

表4 - 6 元器件清单

元器件清单	数 量
STC89C52 单片机最小系统	1 个
液晶显示模块(LCD1602A)	1 个
温度传感器模块(18B20)	1 个
蜂鸣器模块	1 个
电阻	若干
电容	若干

4.6.3 主要电路解析

1. STC89C52 单片机最小系统

单片机 STC89C52 主要包括:微处理器(CPU)、存储器(ROM,RAM)、输入/输出口(I/O 口)和定时器/计数器、中断系统等。其最小系统由电源电路、晶振、开关、复位及单片机本身组成。其最小系统的原理图如图4 - 32 所示。

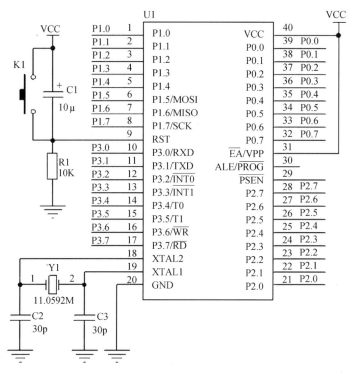

图 4 – 32   单片机 STC89C52 最小系统

2. 液晶显示模块(LCD1602A)

在本系统中用到了点阵字符型 LCD 显示器。液晶显示模块必须有相应的 LCD 控制器、驱动器,来对 LCD 显示器进行扫描、驱动,以及一定空间的 RAM 和 ROM 来存储写入的命令和显示字符的点阵。

如图 4 – 33 所示,本系统采用的是 LCD1602(16 字符×2 行),它具有 3 个控制端,分别为:RS(数据/命令选择端)、R/W(读/写选择端)、E(使能信号)。分别对应图中 P1 的

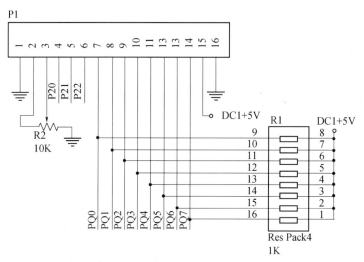

图 4 – 33   LCD1602 接口电路

4、5、6 引脚,分别连接单片机的 P2.0 ~ P2.2,用来对 LCD1602 进行控制;第 7 ~ 14 引脚是 LCD1602 的 8 个数据端,连接单片机的 P0 口,用来向 LCD1602 写入数据;其中 P1 的第 3 引脚为液晶显示偏压信号,用来调节显示的对比度;第 1、2 引脚是显示器 LCD1602 的电源接口,第 15、16 引脚是显示器背光灯的电源接口。

3. 温度传感器模块(18B20)

温度传感器模块和数字温度传感器电路图如图 4 – 34 和图 4 – 35 所示。

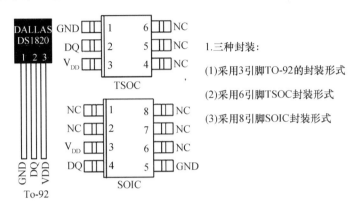

NC:空引脚,悬空不用。
VDD: 可选电源脚,电源电压范围3~5.5V,当器件工作
      在寄生电源时,此引脚必须接地。
DQ (4脚): 数据输入/输出脚。漏极开路,常态下高电平。
GND: 电源地

图 4 – 34　温度传感器模块

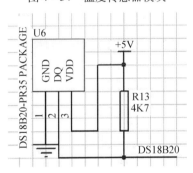

图 4 – 35　数字温度传感器电路

4. 蜂鸣器模块

蜂鸣器模块如图 4 – 36 所示。

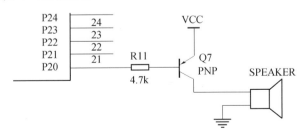

图 4 – 36　蜂鸣器模块

233

4.6.4 软件设计

1. 程序流程图

程序流程图如图 4 - 37 所示。

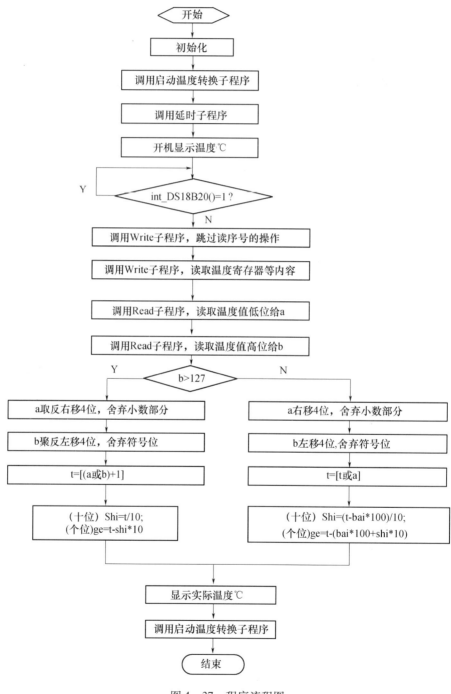

图 4 - 37 程序流程图

2. 部分程序（主函数）

```
void main(void)
{
  EnableInterrupts;
  DDRB = 0xff;
//DDRE = 0xff;//设置 A 口为输出口
  DDRH = 0xff;//设置 M 口为输出口
// PORTE = 0X00；//RW = 0,A0 = 0,EN = 0
PORTB = 0X00；//RW = 0,A0 = 0,EN = 0
  sysInit();
  //display_lcd();
  for(;;)
  {
    display_lcd();
  }/* wait forever */
}
void sysInit(void)
{
lcd_init()；//液晶初始化

  CRGInit(); //Clocks and Reset Generator module initialization
  ATDInit();
  // SCIInit(); //Serial Communication Interface initialization
  ECTInit(); //Enhanced Capture Timer module initialization
  PWMInit(); //PWM module initialization
}
```

4.6.5 系统调试

系统的调试以程序调试为主。

硬件调试比较简单,首先检查电感的焊接是否正确,然后可用万用表测试或通电检测。

软件调试可以先编写显示程序并进行硬件的正确性检验,然后分别进行主程序、读出温度子程序、温度转换命令子程序、计算温度子程序和现实数据刷新子程序等的编程及调试。

由于 DS18B20 与单片机采用串行数据传送,因此,对 DS18B20 进行读/写编程时必须严格地保证读/写时序,否则将无法读取测量结果。本程序采用单片机 C 语言编写,用 Keil C51 编译器编程调试。

−55 ~ +125℃的测温范围使得该温度计完全适合一般的应用场合,其低电压供电特性可做成用电池供电的手持温度计。

4.6.6 小结与思考

本系统基于 STC89C52,利用 18B20 感应室内温度,应用 1602 液晶显示屏显示室内温度和当日日期。并设置了上限温度、报警显示系统,数码管显示实际检测温度,当检测的温度高于上限时,蜂鸣器发出警报声,系统误差小于0.5℃。

4.7 基于 STM32 单片机的 CAN 总线与 USART 双向收发器

4.7.1 项目简介

CAN 是控制器局域网络 Controller Area Network 的简称,是由以研发和生产汽车电子产品著称的德国 BOSCH 公司开发的,并最终成为国际标准,是国际上应用最广泛的现场总线之一。CAN 总线具有组网方便、通信速度高、传输距离远、抗干扰性强、稳定性高等诸多优点,在工业中(尤其是汽车工业中)有着非常广泛的应用。CAN 总线理论上支持无限多的设备,而且只需要接入网络便可使用。CAN 总线通信速率最高可大 1Mb/s,而当传输距离为 10km 时,也有 50kb/s 的传输速率。通常 CAN 总线采用双绞线,即一对差分线进行传输,抗干扰性高,而且协议也保证了数据传输的稳定性。普通的异步串口通信是我们常用的一种通信方式。它具有结构简单、接线简单、全双工、稳定实用的特点。几乎每一款单片机都集成有至少一个异步串口。虽然近些年 USB 等通信方式发展迅速,但是在一些速度要求不高的情况下,串口依然是一种非常实用的通信方式。很多设备本身并不具备 CAN 总线的通信能力,但是具有串口。所以,在一些应用中,为了能使这些设备通过 CAN 总线进行通信,需要设计一种 CAN 转串口的转换器来对两种通信模式进行转换。

4.7.2 元器件清单

元器件清单见表 4 - 7。

表 4 - 7　元器件清单

元器件清单	数　量
STM32F103C8T6 高性能单片机	1 个
VP230 CAN 总线收发器	1 个
LM1117 - 3.3 3.3V 稳压芯片	1 个
MAX232 电平转换电路	1 个
串口调试助手(计算机软件)	1 个
电容	若干

4.7.3 物理学原理

基于 CAN 网络的实时和多主机特性,它可以很容易地帮助你建立冗余系统。为了能在通常的 RS - 232 设备上使用 CAN 网络,CAN - 232B 设计成将 RS - 232 的串行帧重新打包为 CAN 扩展帧,并通过 CAN 收发器发送到 CAN 总线上;反之,如果 CAN - 232B 的收发器收到 CAN 总线上的数据帧,而且通过了验收码校验,它就会把 CAN 帧拆包,并将其中的数据发到 RS232 口上,因此它可以在 CAN 与 RS - 232 之间精确地转换信息。

从 CAN - 232B 的工作原理可以知道,它是一款智能协议转换网桥,可让您方便地完成 RS-232 协议和 CAN 协议的转换,使 RS232 设备和 CAN 网络实现通信。而这种转换对客户是透明的,换言之,用户无需对原来的 RS232 通信软件做任何变动。

CAN-232B 有两种工作模式:设置模式和工作模式。在设置模式下,用户可对它的参数进行设置。而在工作模式中,它完成上述的协议转换。CAN-232B 特别适合小流量的 CAN-bus 数据传输应用,最高可达 300 帧/s 的数据传输速率。

4.7.4 主要电路解析

单片机最小系统电路图如图 4-38 所示。

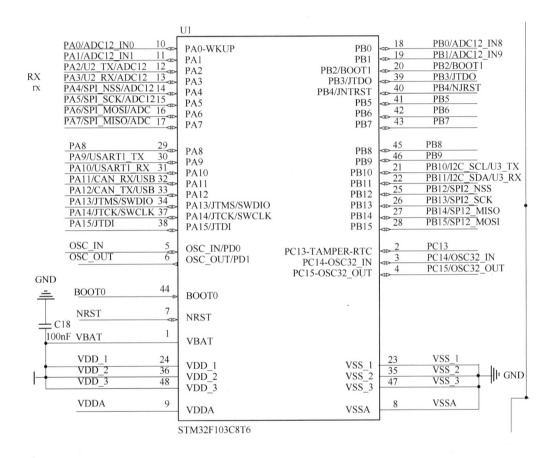

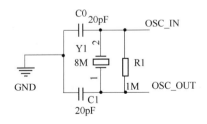

图 4-38 单片机最小系统电路图

LM1117 3.3V 电源供电部分如图 4 - 39 所示。

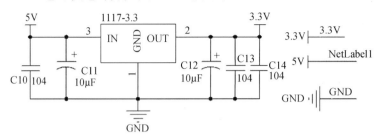

图 4 - 39   LM1117 3.3V 电源供电部分

MAX232 电平转换电路如图 4 - 40 所示。

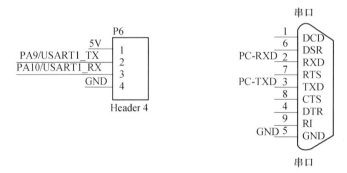

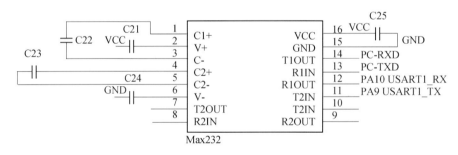

图 4 - 40   MAX232 电平转换电路

4.7.5   C 语言编程指导

1. 系统初始化

系统初始化需要进行的工作如下。

1）系统时钟初始化

这部分工作主要是使单片机正常工作起来,它的流程是:

（1）使能锁相环,并配置倍频数,等待稳定;

（2）选择锁相环作为系统主时钟;

（3）配置系统 AHB APB1 APB2 桥的主时钟分频。

2）系统定时器初始化

这部分是配置 Cortex 内核自带的一个 SysTick 系统滴答定时器。这个定时器通常为系统工作提供一个时基,比如100us等,使系统工作有个时间参照,可用来作为延时函数或者定时中断。

3)系统看门狗初始化

这里使用了STM32芯片自带的一个独立看门狗。该看门狗使用片内独立的一个低速时钟作为工作时钟(40kHz),使能后可以在系统失去响应时使系统复位。

4)串口外设初始化

要使单片机串口外设正常工作的话需要配置串口的相关寄存器以及IO的相关寄存器,具体工作如下:

(1)使能串口的APB时钟。

(2)使能对应IO的时钟。

(3)配置串口的时钟以及数据格式、波特率等。

(4)配置IO复用的相关设置。

(5)配置NVIC中断优先级。

5)CAN控制器初始化

(1)使能CAN控制器的APB时钟。

(2)使能对应IO的时钟。

(3)配置CAN控制器的波特率、时间常数、CAN的帧格式。

(4)配置CAN控制器的过滤器组。

(5)配置相关IO的复用。

(6)配置NVIC中断优先级。

4.7.6 调试及故障分析

测试时,我们使用串口调试器软件进行串口的操作,包括通过串口接收数据与发送数据。过滤器设为全部接收,一个节点发送,另外两个节点接收,观察工作状态(图4-41~图4-43)。

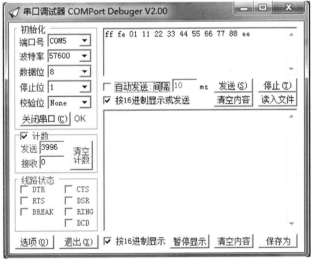

图4-41 节点一发送报文

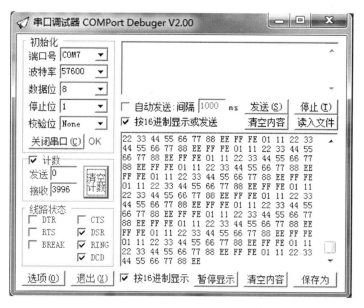

图4-42 节点二接收报文

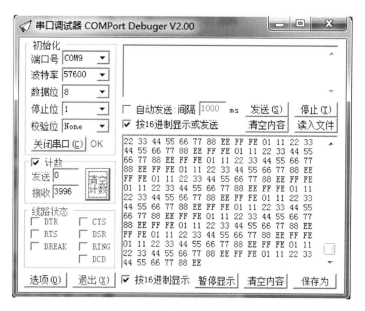

图4-43 节点三接收报文

过滤器设为全部接收,一个节点发送,另外两个节点接收,发送超过10000个字节,观察接收字节数,计算丢包率(图4-44~图4-46)。

节点一发送共12972个字节,节点二接收12972个字节,节点三接收12972个字节。

结论:发送超过10000个字节后没有丢失字节。

将第二个节点与第三个节点分别设为只接收02与03,第一个节点发送ID为02与03的报文,观察接收(图4-47~图4-52)。

将三个节点分别设为接收01 02 03,三个节点分别发送ID为02 03 01的报文,各发送超过10000个字节,观察接收,计算丢包率。

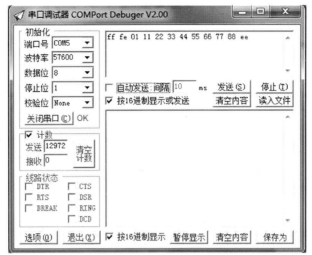

图 4-44　节点一发送 12972 字节

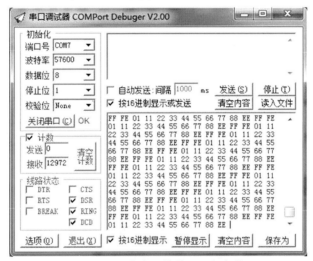

图 4-45　节点二接收 12972 字节

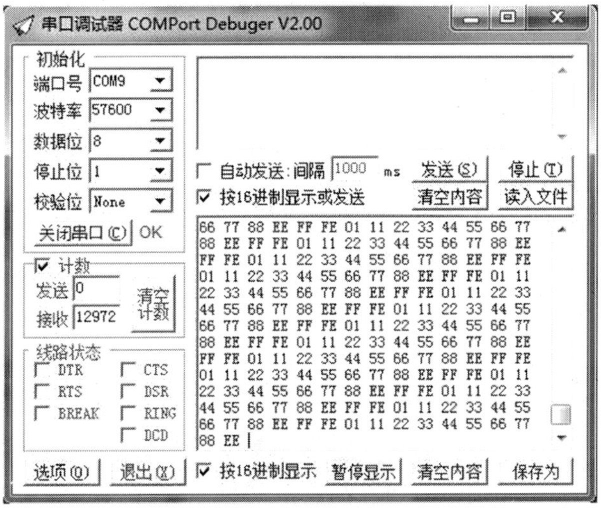

图 4-46　节点三接收字节 12972

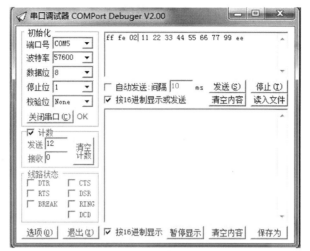

图 4 - 47 节点一发送 ID 为 02 的报文

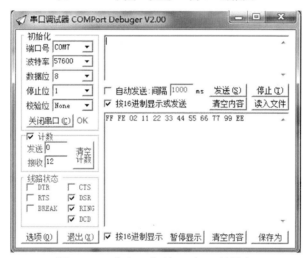

图 4 - 48 节点二收到 ID 为 02 的报文

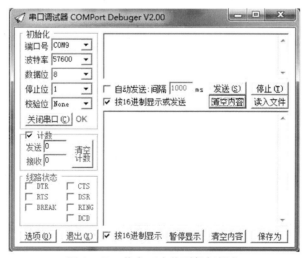

图 4 - 49 节点三未收到任何报文

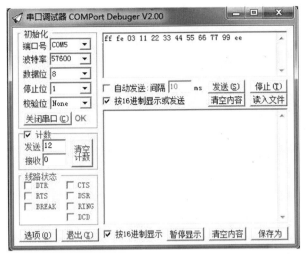

图4-50   节点一发送 ID 为 03 的报文

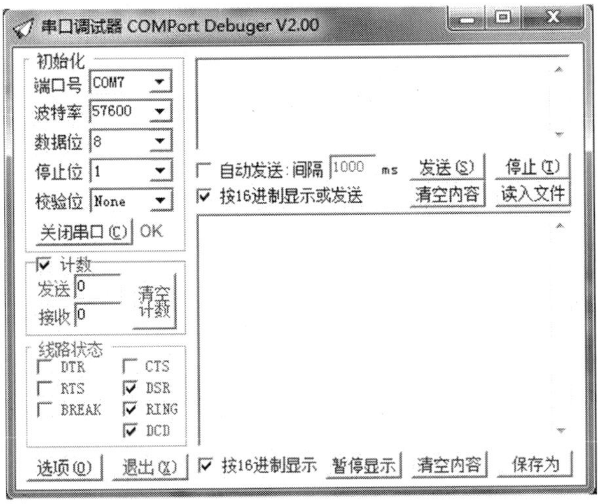

图4-51   节点二未收到报文

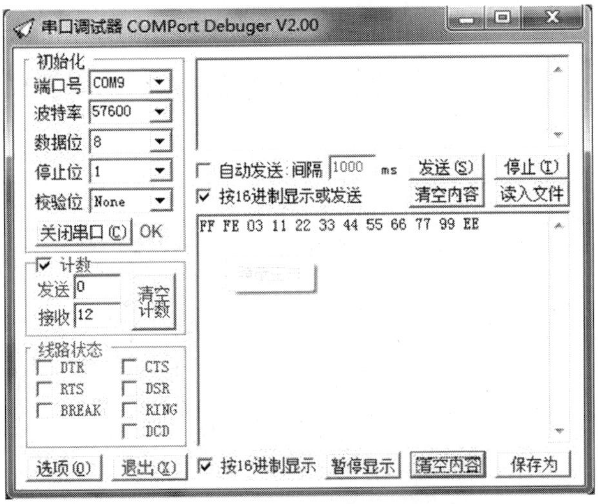

图4-52   节点三收到 ID 为 03 的报文

测试方法采用每间隔100ms发送一次报文,三个节点同时发送同时接收(图4-53~图4-55)。

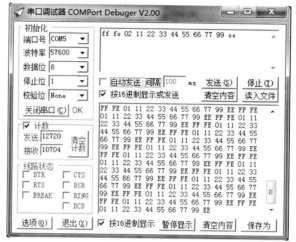

图4-53　节点一情况

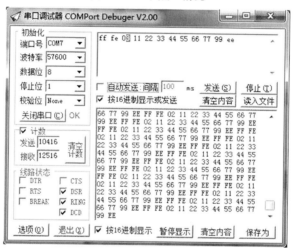

图4-54　节点二情况

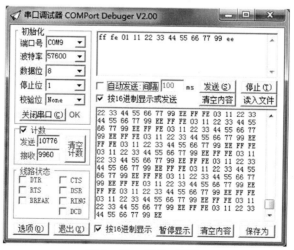

图4-55　节点三情况

各节点丢失率见表4-8。

表 4-8　各节点丢失率表

	节点一	节点二	节点三
发送字节数	12720	10416	10776
接收字节数	10704	12516	9960
丢失比例	1.6%	4.38%	0.66%

结果分析:多个节点在一条总线上同时发送信息会造成总线拥堵。根据 CAN 总线协议,ID 号低的报文具有高的优先级。当两个报文都要发送时,低 ID 号的报文比高 ID 号的报文有更高的优先级进行发送。观察测试结果可以发现,节点三向节点一发送报文丢失率最低,为 0.66% (报文 ID 号为 01),而节点二向节点三发送报文丢失率为 4.3% (报文 ID 号为 03)。同时也可以发现设计仍具有缺陷,在多节点高速发送时,不能避免报文丢失,也没有将丢失率降到千分之一以下。

4.7.7　小结

该设计相对较好地实现了预期的设计要求,实现了低成本高性能的设计预期,充分利用了 STM32F103 单片机在 CAN 总线应用方面的优势,使得设计难度降低,开发工作量降低,并且提升了后期的可维护性,是一个成功的设计,但是仍有改善的余地。

参 考 文 献

[1] 曲学基,等.新编高频开关稳压电源[M].北京:电子工业出版社,2005.

[2] 钱振宇,等.开关电源的电磁兼容性[M].北京:电子工业出版社,2005.

[3] LM25 76/LM2576HV Series SIMPLE SWITCHER(r)3A Step-Down Voltage Regulator. National Semiconductor. 1999.

[4] 马忠梅,等.单片机的 C 语言应用程序[M].北京:北京航空航天大学出版社,2007.

[5] 谭浩强.C 语言程序设计(第二版)[M]北京:清华大学出版社,2000.

[6] 黄智伟.全国大学生电子设计竞赛训练教程[M].北京:电子工业出版社,2005.

[7] 全国大学生电子设计竞赛组委会编.全国大学生电子设计竞赛获奖作品汇编[M].北京:北京理工大学出版社,2004.

[8] 吴少军、刘光斌.单片机实用低功耗设计[M].北京:人民邮电出版社,2003.

[9] 周航慈.单片机应用程序设计[M].北京:北京航空航天大学出版社 2011.

[10] 谭浩强.C 语言程序设计(第三版)[M].北京:清华大学出版社,2007.

[11] 阎石.数字电路技术基础[M].北京:高等教育出版社,2006.

[12] 谢红.模拟电子技术基础[M].哈尔滨:哈尔滨工程大学出版社,2008.

[13] 池海红,单蔓红.自动控制元件[M].北京:中国电力出版社,2009.